YUEWAN
YUECONGMING

# 脑筋画圈圈

马雪敏◎编著

天津出版传媒集团
天津教育出版社
TIANJIN EDUCATION PRESS

图书在版编目(CIP)数据

脑筋画圈圈 / 马雪敏编著. — 天津：天津教育出版社, 2013.4
ISBN 978-7-5309-7217-5

Ⅰ. ①脑…　Ⅱ. ①马…　Ⅲ. ①统筹－少儿读物　Ⅳ. ①O223-49

中国版本图书馆 CIP 数据核字(2013)第 078955 号

越玩越聪明
脑筋画圈圈

出 版 人　胡振泰

编　　著　马雪敏
选题策划　袁　颖
责任编辑　王艳超
装帧设计　李　宏

出版发行　天津出版传媒集团
天津教育出版社
天津市和平区西康路 35 号　邮政编码 300051
http: // www . tjeph . com . cn
印　　刷　大厂回族自治县祥凯隆印刷有限公司
版　　次　2013 年 4 月第 1 版
印　　次　2013 年 4 月第 1 次印刷
规　　格　16 开(710 × 1000)
字　　数　100 千字
印　　张　10

定　　价　24.80 元

孩子们,在我们的日常生活和学习里,经常会接触和运用统筹方法。我们常说的"统筹兼顾",正是运用的统筹学。

如果你仔细地观察自己身边的人与事,会发现有的人显得很忙碌,终日没有片刻闲暇,但工作效率却不高,这种情况可以被称做是"无事忙";而有的人虽然事务繁多,但他们善于运用统筹方法,善于合理安排繁杂的事务,把工作安排得井然有序,工作效率很高,能达到"事半功倍"的极佳效果。

对于我们学生来说,更有必要了解统筹方法,因为统筹学在我们的学习中将会发生非常重要的作用,让我们的付出达到效率的最大化。

要将统筹方法学好用活,并不能一蹴而就,它需要经验的积累、清晰的头脑,还有过人的智慧。

衡量统筹方法是好是坏,主要从以下几个方面来看:

第一,看它是否具有前瞻性,即计划性。统筹方法的关键在于谋划,我们必须对自己所要完成的任务有一个周密的计划,做到心里有数,从某种程度上说,统筹就是计划。

第二,看它是不是有全局性。统筹,应站在全局的高度,决策者必须胸怀全局，这样统筹方法才会更全面、更科学，正所谓“站得更高，看得更远”。

第三，看它是不是具有平衡性。统筹方法不仅强调重点，而且兼顾一般，既抓大，又不忽略小，就像十指弹钢琴一样，必须协调好各个手指的关系，才会弹出动听的曲子。

第四，看它是不是具有灵活性。计划得再周密，执行过程中也难免出现意想不到的情况。一个好的统筹方法，必须充分预计将会发生的情况，并采取措施及时加以纠正，才能确保预期目标的实现。

如今我们正处于高速发展的时代，“时间就是金钱，效率就是生命”，我们每天所要学习的内容在不断增多，节奏在不断地加快，这就需要我们高效率、高质量地完成每项学习任务。

摆在我们面前的是繁重的课业，堆积成山的习题，怎么办？

让我们借助统筹方法这把金钥匙，平心静气，认真梳理要完成的各项学习任务，按事情的重要程度和轻重缓急进行合理安排，做出一个列表，先做重要的、紧急的事，后做相对次要的事，中间还应充分利用工作的间隙，把一些不用多长时间、可以在做主要事的同时，兼顾能做的事顺便做了，达到“一心多用”。

除此之外，还应充分利用现有的人力、物力资源，充分调动一切可以调动的因素，让我们的学习更优质、更高效，利用相对少的人力、物力、财力达到“事半功倍”的作用。

# 目录

## 第一章　十指弹钢琴

## 第二章　一石击两鸟

## 第三章　手脚画圈圈

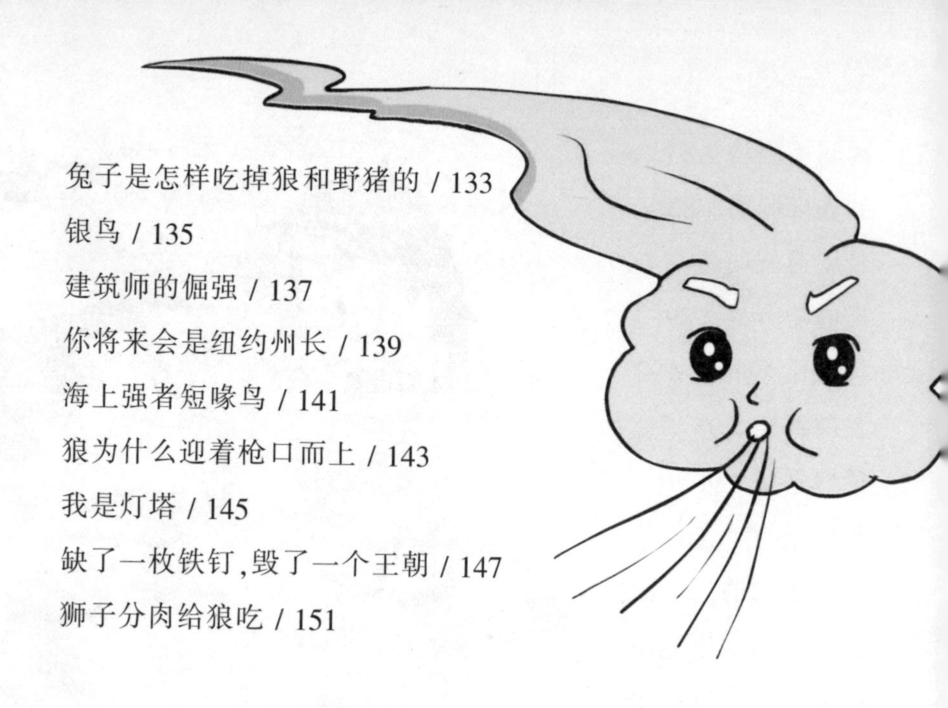

# 第一章　十指弹钢琴

# 小题大做　收获颇多

统筹，是一种安排工作进程的数学方法。它的使用范围特别广泛在生活中到处都能应用，主要是把工序安排好。

比如，想泡壶茶喝。当时的情况是：水壶、茶壶、茶杯需要清洗，火也已经点上，有茶叶却没有开水。现在怎么办？

办法一：洗好水壶，装上凉水后，放在火上烧；在等待水开的时间里，洗茶壶、洗茶杯、拿茶叶；等水烧开了，再泡茶喝。

办法二：先做好一些准备工作，清洗水壶和茶壶、茶杯，拿茶叶；一切就绪，装水烧水；坐待水开了泡茶喝。

办法三：洗净水壶后，灌上凉水，放在火上，静待水开；水开了之后，匆匆忙忙去找茶叶，洗茶壶、茶杯；最后泡茶喝。

**思考提问**

以上哪种办法最省时间？

**答　案**

我们可以一眼看出第一种办法最省时间，后两种办法都更耗时。这是生活中的小事情，即使遇到了大事，方法和道理也是一样的。

# 八戒吃了几个仙桃

八戒到花果山找悟空，刚好，悟空不在家。小猴子们热情地招待八戒，采了山中最好吃的仙桃一共100个。八戒高兴地说："大家一起吃！"可怎么分呢？八戒数了数一共30只猴子，然后又找来个树枝，在地上左画右画地写起了算式，"100÷30=3余1"。

八戒指着地上的“3”，大方地吼道：“你们一个人吃3个仙桃吧，剩下的那个就给我吃了！”

小猴子们都对八戒表示感谢，都将属于自己的一份拿到手里。

悟空回来后，小猴子们对悟空描述今天八戒是如何大方、如何自己只吃一个仙桃的，悟空看了八戒的算式，大叫：“好个呆子，多吃了仙桃竟然还讨巧，我去找他理论！”

**思考提问**

嘻嘻，你知道八戒吃了几个仙桃吗？

**答　案**

10个。

我们来看，小猴子们在山中采了100个仙桃，而猴子共有30只，八戒在地上列的除法算式是“100÷30＝3余1”。

同学们，大家看这个八戒列的算式对不对？等号左侧的算式是正确的，再看他的商数，也是正确的。

重点来了，我们需要擦亮眼睛，看余数100÷30的商是3，余数应该是100−30×3=10，而八戒却把余数10写了余数1，来骗这群小猴子以显示自己的大气。所以悟空回来后说他多吃了仙桃竟然还讨巧。

# 完璧归赵与负荆请罪

战国时期，中原最强盛的国家应属秦国了，所以秦国常常进攻别的国家。

一次，赵王得了一件无价之宝，名为和氏璧。秦王知道了，就写了一封信给赵王，想用15座城，与赵国换这块璧。

赵王接到了信很是着急，立刻召集大臣来商议。大家说秦王不过想把和氏璧骗到手而已，不能上他的当；可是如果赵国不答应，又担心秦王派兵来攻打。

正在赵王为难的时候，有人推荐蔺相如——他足智多谋，也许能解决这个难题。于是赵王把蔺相如找来，问他该怎么办。

蔺相如想了一会儿，说："我可以带着和氏璧到秦国去。如果秦王真的拿15座城来换，我就把璧交给他；如果他不愿意交出15座城，我一定把璧带回来。那时候秦国理亏，就没有动兵的理由了。"

赵王和大臣们都没有别的办法，只好让蔺相如带着和氏璧到秦国去。

蔺相如到了秦国，进宫见了秦王，献上和氏璧。秦王双手捧着璧，一边看一边称赞，绝口不提15座城的允诺。

蔺相如一看这情形，知道秦王不会拿城换璧，于是上前一步，说："这块璧有点儿瑕疵，让我指给您看。"

秦王听了，就把和氏璧交还给了蔺相如。蔺相如捧着璧，往后退了几步，靠着柱子立定。他怒气冲冲地说："我看您并不愿意交付15座城。

现在璧在我手里，您要是不履行承诺，我的脑袋和璧就一块儿撞碎在这柱子上！”

说着，他举起和氏璧就要向柱子上撞。秦王怕他真的把璧弄坏了，连忙说一切都能商量，就叫人拿出地图，并把允诺划归赵国的15座城指给他看。蔺相如说和氏璧是无价之宝，要举行个隆重的仪式，他才肯交出来。秦王只好跟他约定了举行仪式的日期。

蔺相如知道秦王并没有拿城换璧的诚意，一回到住所，就叫手下人化了装，带着和氏璧走小路先回赵国去了。到了举行仪式那一天，蔺相如进宫见了秦王，大大方方地说：“和氏璧我已经送回赵国去了。您如果愿意的话，先把15座城交给我国，我国马上派人把璧送来，绝对守信。如若不然，您杀了我也没有用，天下的人都知道秦国是不讲诚信的！”

秦王很是无奈，只得客客气气地把蔺相如送回赵国。

这便是“完璧归赵”的典故。

蔺相如立了功，赵王便让他做上大夫。

几年之后，秦王约上赵王，在渑池见面。赵王和大臣们商议说：“去赴约吧，怕有危险；不去吧，又显得太懦弱。”蔺相如觉得对秦王不能示弱，还是去的好。赵王这才决定动身，让蔺相如跟随。大将军廉颇带着军队护送他们到边界上，做好了迎击秦兵的准备。

赵王到了渑池，会见了秦王。秦王要赵王来鼓瑟。赵王不好推辞，鼓了一曲。秦王便让人记录下来，说在渑池会上，赵王为秦王鼓瑟。

蔺相如看到秦王这样侮辱赵王，恼怒极了。他走到秦王面前，说：“请您为赵王击缶。”秦王回绝了。

蔺相如再要求，秦王再次回绝了。蔺相如说：“您现在离我只有几步远。若您再不答应，我就跟您拼命！”秦王被逼得无奈，只好敲了一下缶。蔺相如也叫人记录下来，说渑池会上，秦王为赵王击缶。

秦王羞辱赵王的阴谋没得逞。他知道廉颇已经在边境上做好了作战准备，所以也不敢把赵王怎么样，只好让赵王回国。

蔺相如在渑池会上又立了功。蔺相如被赵王封为上卿，职位在廉颇之上。

廉颇很不痛快，他向别人说："我廉颇攻无不克，战无不胜，立下许多战功。他蔺相如有什么本事，就靠一张嘴，却爬到我头上去了。我碰见他，得给他个下马威！"这话传到了蔺相如那里，蔺相如就请病假不上朝，免得与廉颇见面。

有一天，蔺相如坐车出行，远远看见廉颇骑着高头大马过来了，他急忙叫车夫把车往回赶。蔺相如手下的人可看不顺眼了，他们说："蔺相如害怕廉颇，好像老鼠见了猫一样！"

蔺相如得知后，对手下人说："诸位请考虑一下，廉将军和秦王比，谁厉害？"

他们说："当然秦王更胜一筹！"

蔺相如说："秦王我都不怕，难道怕廉将军吗？大家知道，秦王不敢攻打我们赵国，就因为武有廉颇，文有蔺相如。如果我们俩闹得不愉快，就会削弱赵国的力量，秦国肯定乘机来攻打我们。我之所以避着廉将军，为的是我们赵国啊！"

蔺相如的话传到了廉颇那里。廉颇静下心来左思右想，觉得自己为了争一口气，就不顾国家的安危，真不应该。于是，他脱下战袍，背负荆条，到蔺相如府上请罪。蔺相如见廉颇负荆前来请罪，连忙出来迎接。

从此以后，他们俩成了好兄弟，同心协力保卫赵国。

### 思考提问

同学们，廉颇和蔺相如从对立到友好，我们从中能得到什么启示?

### 答　案

廉颇能考虑国家的大局，主动脱下战袍，背上荆条，向蔺相如"负荆请罪"。这两个人一文一武，齐心协力保卫国家，秦国因此更不敢轻犯赵国了。所以说，有的时候，个人利益经过统筹，让位于更大的利益后，各方都能获得更大的收益。

# 不完美的珍珠

一天,有个渔夫从海里捞到一颗大珍珠,非常喜欢。然而,珍珠上面有一个小黑点。

渔夫想,如能将小黑点去掉,珍珠将变成无价之宝。因此,他就想用刀子把黑点刮掉。

但是,刮掉一层,黑点仍在,再刮一层,黑点还在,刮到最后,黑点没了,珍珠也被刮没了。

### 思考提问

同学们读了渔夫与珍珠的故事,明白了什么?

### 答　案

人们常常追求完美而放弃了一些他们原本可以拥有的东西。

想追求完美无缺的事物,本是没有错误的,然而,这种愿望落空也是经常发生的。优点和缺点,长处和短处,相比较而存在,即便是最好的,也不等于是最完美的。

高标准自然是美好的愿望,但是楼外有楼,山外有山,凡事宜从实际出发。做好统筹,有舍有得,才能获得最大的收益。

# 驴子的智慧

一天，有个农夫的驴子不小心掉进枯井里了，农夫想尽一切办法也没能救出驴子。几个小时过去了，驴子还在井里痛苦地哀嚎着。

最终，这位农夫决定放弃，他觉得这头驴子年纪大了，不值得大费周章地去把它救出来，但是无论如何，这口井还是得填起来。

所以农夫便请来左邻右舍帮忙，打算一起将井中的驴子埋了，以免除它的痛苦。农夫的邻居们人手一把铲子，开始将泥土铲进枯井中。当这头驴子明白自己的处境时，起初哭得很凄惨。但令人吃惊的是，一会儿之后这头驴子就安静下来了。

农夫好奇地伸出头往井底一看，出现在眼前的景象令他大吃一惊：当铲进井里的泥土落在驴子的背部时，驴子的做法令人称奇——它将泥土抖落在一旁，然后站到洒落的泥土堆上面！

就这样，驴子将大家铲倒在它身上的泥土全数抖落在井底，并且站上去。很快地，这只驴子便上升到了井口，然后在众人惊讶的表情中大步跑开了！

## 思考提问

同学们，你是不是觉得这头驴子很聪明呢？

## 答　案

例如驴子的情况，在生命的旅程中，有时候我们难免会陷入"枯井"里，会被各式各样的"泥沙"倾倒在我们身上，但是想要从这些"枯井"脱困的诀窍就是：将"泥沙"抖落掉，然后站到上面去。

人生必须渡过逆流才能走向更高的层次，最重要的是永远别看扁自己。

# 包公智断鸡蛋案

包拯三十岁当了开封府尹，推荐他来京的，是当朝太师王延龄。包拯虽是王延龄推荐的，但是他对包拯的人品、才智究竟怎样，还了解得不那么清楚，总想找个机会好好试试包拯的才能。

这天一大早，老太师起身洗漱完毕，要仆人端上早点——三个五香蛋。他刚吃完一个鸡蛋，忽听家人禀报："新府尹包拯来拜。"

王延龄一面吩咐下人请包拯入内，一面脑子转开了："我何不借此机会当面试试他呢？"于是，王延龄端起蛋碗对丫鬟说："秋菊，你把这两只五香蛋吃了，任何人追问，不管怎样哄骗、威胁，你都不要说是你吃的，明白吗？凡事有我做主，事后再赏你。"

秋菊听了一愣，可既然是老太师的吩咐又不敢拒绝，只得照吃了。

王延龄看她吃了，就走出内室，到了中堂，见到包拯后寒暄了几句后，便说："舍下刚发生一桩不体面的事，想请包大人协助办理一下。"

包拯说："太师不必客气，有事只管吩咐，下官一定照办。"

王延龄起身领着包拯走到内室，指着空碗说："每天早上，我用三只五香蛋当早点。今日，刚吃了一只，因闹肚子，上厕所一趟，回来时那剩下的两只蛋竟不见了。这件事情虽小，不过太师府里怎么能容忍有这样手脚不干净的人？"

包拯点点头，问道："时间多长？"

"不长。半顿饭的时间。"

"在这段时间内，家里有没有外人来了又走的？"

“没有。”

“老太师问了家里众人吗？”

“本人问了，他们都说未见到。你说奇怪不奇怪？”

包拯思索片刻说：“太师，只要信得过，我立即判明此案。”

包拯走出内室，来到中堂，吩咐说：“现在太师府里大小众人，全部集中，一厢站立。”这些家人听后虽然站立一旁，但并不把新府尹放在眼里。包拯一见火了，桌子一拍，喝道：“王子犯法，与民同罪。今日我来办案，众人不得怠慢，免得皮肉吃苦。谁偷吃了太师的两只五香蛋，快说！”

众人一惊，顿时老实了。可是包拯连问三次，这些家人仍闷声不响。王延龄在一旁睁大眼睛，装着急于要把此事弄明白的样子，眼看众人一言不发，故意说：“包大人，既然他们不说，你就用刑吧！”

包拯把手一摆说：“不，我自有办法。来人啊，给我端碗清水和一只空盘子来。”随从答应着去办了。

王延龄看到这里，心里乐了，包拯果然名不虚传，审理案子能够动脑子，不屈打成招。

不一会儿，随从把一碗水和一只盘子拿来了。包拯叫随从把盘子放在屋中间。然后说：“每人喝口水，在嘴里漱一漱后吐到盘子里，不准把水咽下肚。”

头一个人喝口水，漱漱吐到盘子里，第二个人也如此做。轮到秋菊时，她拒绝喝水漱嘴，包拯离了座位，指着秋菊说：“鸡蛋就是你偷吃的！”

秋菊顿时脸红到脖子根，只得默认了。王延龄忙说：“包大人，你断定是她偷吃的，道理何在呢？”

于是，包拯解析一番，一席话说得太师点头称是。

接着，包拯严肃地说：“秋菊只是被人捉弄，主犯不是她。”

王延龄一惊，想不到包拯这么年轻，遇事竟想得如此周全，便故意问他："包大人，那主使她的人又是谁呢？"

包拯看着王延龄，认真地说："此人就是太师您。"

王延龄笑着连连点头，转脸对众人说："这事正是我要秋菊做的，为的是试试包大人怎样断案。包大人料事如神，真是有才有智。你们回去，各干各的吧。"

**思考提问**

为什么包公断定是秋菊偷吃的呢？

**答　案**

刚吃过鸡蛋，一定有蛋黄渣塞在牙缝里，用清水漱嘴再吐出来，根据水里有无蛋黄渣来判断即可。秋菊不敢漱嘴，那一定是她偷吃的。

# 狮子的抱怨

有一天，素有草原之王之称的狮子，来到了天神面前说："我非常感谢你赐给我健硕的体格、强大无比的力气，让我有足够的能力统治这整座草原。"

天神听到后，慈祥地回答："可是这不是你今天来找我的目的吧！看起来你似乎为了某事而烦恼呢！"

狮子轻轻吼了一声，说："天神真是神机妙算啊！我今天来的确是有事相求。因为即使我的能力再好，但是每天清晨的时候，我总是会被松鸡的鸣声给吓醒。神啊！祈求您，再赐给我一个力量，让我不会被鸡鸣声给吓醒吧！"

天神笑道："你去找大象吧，它肯定能给你一个满意的答复的。"

狮子匆忙跑到溪边找大象，还没见到大象，就听到大象跺脚所发出的"砰砰"声。

狮子飞快地跑向大象，却看

到大象正气呼呼地直跺脚。

狮子问大象:“你为什么发这么大的脾气?”

大象拼命摇晃着大耳朵,吼着:“有只可恶的小蚊子,总想钻进我的耳朵里,都快烦死我了。”

狮子离开了大象,心里暗自想着:“大象体型这么巨大,还怕那么小的蚊子,那我还抱怨什么呢?毕竟鸡鸣也不过一天一次,而蚊子却是时时刻刻地骚扰着大象。如此说来,我可比他幸运多了。”

狮子一边走,一边回头看着还在跺脚的大象,暗想:“天神要我来看看大象的情况,应该就是为了告诉我,谁都会遇上麻烦事,而它不能够帮助所有人。既然如此,那我就靠自己好了!以后只要松鸡鸣叫时,我就当做鸡是在提醒我该起床了,如此一想,鸡鸣声对我还算是有好处的呢!”

### 思考提问

同学们,读狮子的故事,你有哪些体会和启示呢?

### 答　案

在人生旅途中,有的人只要稍微遇上一些不顺的事,就会习惯性地抱怨老天对他们不公,进而祈求老天赐给他们更多的力量,帮助他们排除万难。

可事实上,老天是最公平的,就像它对狮子和大象一样,任何一个困境都有其存在的正面意义,困境即是一个新的已知条件,只要愿意,任何一个障碍,都可以成为一个超越自我的契机。

# 比曾国藩还“聪明”的盗贼

曾国藩幼年时的天赋并不高。

有一天他在家读书，对一篇文章重复读了无数遍，可他还是没有背下来。

这时候他家来了一个贼，藏在他的屋檐下，想要等读书人睡觉之后捞点好处。可是等啊等，曾国藩就是不睡觉，还在翻来复去地读

那篇文章。

贼人大怒，跳出来说，“这种水平也敢读书？”然后将那文章背诵一遍，扬长而去！

贼人确实聪明，至少比当时的曾先生要聪明，可是他却做了贼，而曾先生却成为毛泽东主席都敬佩的人，被尊为“近代最有‘大本夫源’的人。”

“勤能补拙是良训，一分辛苦一分才。”

那贼的脑子真不错，听过几遍的文章都能背下来，而且很勇敢，见别人不睡觉竟然可以跳出来“大怒”，教训曾先生之后，扬长而去。

曾先生后来启用了一大批人才，按说这位贼人与曾先生有一面之交，大可去施展一二，无奈，他的天赋没有加上勤奋，最后只落个名不经传。

## 思考提问

同学们，读了曾国藩读书的故事，你有哪些体会和启示呢？

## 答　案

伟大的成就和勤奋的劳动是成正比的，有一分劳动就有一分收获，日积月累，积少成多，奇迹就可以被创造出来。天道酬勤，没有人能只依靠天分成功。

上帝赐予了天分，勤奋配合天分才能成就天才。

# 笨人做汤

古代有个人，特别笨，不管做什么事情都不动脑子，经常做出一些糊涂事来让人家笑话。

有一回，他在家里做一锅菜汤。熬得差不多时，他想试试咸淡合不合适，就用一把木勺舀了一勺汤品尝。咂了咂嘴巴，他觉得好像淡了一些，就随手把装着剩汤的木勺放到一边，抓了一把盐放进锅里。

这时，锅里的汤已经加上盐了，而木勺里的汤还是刚才没加盐的汤。他也不重新到锅里舀上一勺，就拿起原来的那勺汤来尝。尝过之后，他惊奇地摸了摸脑袋，又皱了皱眉头，自言自语地说：“咦，明明加盐了，这锅汤为什么还是这么淡呢？”

于是这个人就又抓了一把盐放进锅中，木勺里还留着刚才没加盐的汤，但他还是不知道自己究竟在哪里出了错，依然还是去尝勺里的汤。勺里的汤自然还是淡的，他就依然认为锅里的汤盐放的不够，于是又拼命往锅里加盐。

就这样，木勺里的汤，一直没有更换过，他就一直尝那口汤。同样，他也一直在往锅里加盐，也不停下来想一想是否哪个环节出了差错。一满罐盐经他这么一折腾，已经见底了，可他还摸着脑袋，百思不得其解地想：“今天真是见鬼了，为什么盐都快要用完了，锅里的汤却还是不怎么咸呢？”

这个笨人实在是办了一件蠢事，通过没有加盐的汤来衡量已经加过了盐的汤。

**思考提问**

这个笨人不知道事物总是不断变化的。我们若总是通过相对僵化的局部来判断全局的情况，又怎么能明断是非呢？

**答　案**

局部大体上能反映整体的情况，但也有其特别之处，所以我们必须深入全局了解情况。只有清楚地了解，才能做出判断。而且做事情不能急于求成，要踏踏实实，这就是方法的统筹。

# 牙膏管口的学问

一个美资公司,生产的牙膏产品优良,包装精致,深受广大消费者的好评,营业额节节高升。记录显示,前十年每年的营业额增长率为10%~20%,令董事部十分高兴。

但是,随后的几年里,业绩却降了下来,每个月基本维持相同的数

字。董事部对公司业绩不满，所以召开全国经理级会议，以商讨对策。

会议中，有名年轻经理站起来，对董事部说："我手中有张纸，纸上有个建议，若您要采纳我的建议，必须另付我5万元！"

总裁听了特别生气地说："我每个月都支付你薪水，另有分红、奖金。现在叫你来开会讨论，你还要另外索要5万元。是不是很过分？"

"总裁先生，不要误会。若我的建议行不通，您可以将它放弃，一分钱也不必付。"年轻的经理解释说。

"好！"总裁接过那张纸，阅读后，马上签了一张5万元支票给年轻经理。

那张纸上只说一句话：把现有的牙膏管口的直径扩大1毫米。

总裁立刻下令更换新的包装。

这个建议被采纳后，公司在此后一年的营业额上涨了30%。

## 思考提问

仔细想想，年轻经理的办法好在什么地方？

## 答　案

当想要增加产品销量的时候，大部分人总是在大力开发市场、笼络更多的顾客方面做文章，而年轻的经理却利用统筹的方法，转换了一下思维，他的方法是增加老顾客的消费量，这样也能够达到总裁所需要的目的。

# 马儿赛跑

齐国大将田忌，常与齐威王赛马。他们赛马的规矩是：双方各下赌注，比赛共有三局，两胜以上的人便是赢家。

然而每次比赛，田忌都是输家。

这一天，田忌赛马又败给了齐威王。回家后，田忌把赛马的事讲给了自己的高参孙膑。孙膑是军事家孙武的后代，饱读兵书、深谙兵法、智勇双全，却被庞涓陷害废了双腿。

孙膑来到齐国之后，很被田忌器重，被尊为上宾。孙膑听到田忌谈他赛马总是失利的事情后，说：“下次赛马请让我也参加。”田忌听了特别高兴。

又一次赛马开始了。孙膑坐在赛马场边，饶有兴趣地观看田忌与齐威王赛马。第一局，齐威王让自己的上等马上场，田忌也牵出了自己

的上等马，结果跑下来，田忌的马略输一筹。第二局，齐威王牵出了中等马，田忌也以自己的中等马与之比赛。第二局跑完，田忌的中等马也因慢了几步而输掉了。第三局，两边都以下等马较量，田忌的下等马又输给了齐威王的马。

看完比赛回到家中，孙膑对田忌说："我看你们二位的马，若以上、中、下三等对等的比赛，您的马都稍逊一些，但悬殊并不太大。下次赛马您按我的意见办，我保证您一定取胜，您只管多下赌注就可以了。"

这一天到了，田忌与齐威王的赛马又开始了。第一局，齐威王派出那头健步如飞的上等马出战，孙膑却让田忌派出下等马。一局比完，自然是田忌的马输了。

但是到第二局形势就变了，齐威王派出中等马，田忌这边以上等马对阵，于是田忌的马跑在前面，赢了第二局。第三局，齐威王剩下了最后一匹下等马，当然也被田忌的中等马甩在了后面。这一次，田忌以两胜一负赢得赛马胜利。

由于田忌依照孙膑的吩咐下了很大的赌注，一次就把以前输给齐威王的都赚回来了不说，还略有剩余。

**思考提问**

孙膑是如何赢得赛马胜利的呢？我们从中得到什么启示呢？

**答　案**

田忌以前赛马的办法只是硬碰硬，希望一局也不要输，却因自己马队的总体实力差那么一点，总是输掉比赛。

而孙膑则巧妙进行统筹分析：先让对方一局，然后保留实力确保了后两局的胜利，这样就保证了整体的胜利。

# 围魏救赵

战国时期，魏国派军队攻打赵国。魏国的军队很快包围了赵国首都邯郸，情况十分危急。赵国眼看抵挡不住魏军的攻势，赶紧派人向齐国求救。齐国大将田忌受齐王派遣，准备率兵前去营救邯郸。

此时，他的军师孙膑赶紧劝他说："要想解开一团乱麻，不能用强扯硬拉的办法；要想制止打斗得难分难解的两方，不宜用刀枪对他们一阵乱砍乱刺；要想救援被攻打的一方，只需要抓住进犯者的要害，攻击它空虚的地方。眼下魏军全力以赴攻赵，精兵锐将势必已全部出动，

国内肯定只剩下一些老弱病残。魏国此时只顾战争，国内肯定空虚。如果我们抓住时机，直接进军魏国，攻打魏国都城大梁，魏军一定会回师来救。这样，他们撤走围赵的军队来救援，我们不就替赵国解围了吗？”

一席话说得田忌心里豁然开朗，他十分赞赏地说：“先生英明高见，令人钦佩。”

孙膑又补充说：“还有一点，魏军从赵国撤回，长途跋涉行军，必定疲惫不堪。而我军则以逸待劳，趁机攻打，只需在魏军经过的险要之处布下埋伏，肯定能一举打败他们。”

田忌叹服孙膑的精辟分析，马上下令按孙膑的策略行事，直奔魏国首都大梁，而且把要攻打大梁的声势造得很大；另一面在魏军回师途中设下埋伏。

果然，魏军得知都城被围，急忙撤了围攻赵国的军队回国。不料，魏军人马匆忙跋涉至桂陵一带，齐军擂鼓鸣金，冲杀出来。

魏军未曾料到这样的情况，仓皇抵御，却根本敌不过有着充分准备的齐军。魏军被杀得丢盔弃甲，还没来得及解救都城，就快全军覆没了。这次战争，齐军大获全胜，赵国也获得了救援。

## 思考提问

读了围魏救赵的故事，我们有什么启示呢？

## 答　案

其实，事物之间是相互制约的，看事情不能只注意比较明显的地方，而要抓住问题的关键和要害，避虚就实，这样来解决问题效果更好。

因此同学们解决问题时，需要将矛盾进行统筹比较，关键是抓住主要矛盾，首先解决主要矛盾。

# 为什么你砍柴速度比我快

两个樵夫阿德和阿财总是一起上山砍柴。

上山砍柴一定要早睡早起，才能在天亮时抵达砍柴地点。第一天，两人一起出发，每个人都砍了八捆柴。阿德回到家中后，想："多砍一捆柴就多一份收入，我明天必须起得更早，在天亮之前抵达。"而阿财回家以后便赶紧磨刀，并且准备第二天将磨刀石带上山。

第二天，阿德比阿财先到山上。他一开始就使尽浑身力气工作，一刻也不敢歇息。阿财虽然较迟上山，砍柴的速度却比昨天快，没过多久，就追上了阿德的进度。

到了晌午，阿财停了下来磨刀。阿财对阿德说："不如你也休息一会儿吧。先把斧头磨一下，再接着砍也不迟。家中的孩子闹着要吃野山楂，我们也可以顺便采些回去。"

阿德拒绝了阿财的建议，心想："我才不

要浪费时间呢。趁着你歇着的时候，我还可以抓紧时间多砍一些柴呢。”

一天过去了，阿德只砍了六捆柴，而阿财除了所砍的九捆柴，还采了一些给孩子吃的野山楂。

阿德怎么也想不通，为什么自己那么努力，却没有阿财砍得多。

第三天，阿德一边努力干活，一边观察阿财砍柴的情况，他没发现阿财有什么秘诀，但人家砍的速度就是快。

终于，阿德忍不住问阿财：“我一直很努力地砍柴，连休息的时间都放弃了。为什么你的柴却比我砍得多呢？”

阿财看着阿德笑道：“砍柴除了技术和力气，更重要的是我们手里的工具。我经常磨刀，所以刀很锋利，所砍的柴当然也比较多；而你一向都不磨刀，虽然费的力气要比我还多，砍的柴却总也比不上我的多啊。”

## 思考提问

同学们，你知道阿财砍柴的秘诀是什么吗？

## 答　案

砍柴的效率与所用工具的锋利程度有关，阿财注意在刀钝的时候磨刀。

在砍柴前费一些时间来磨刀，一旦当刀斧锋利了，砍柴的效率就会大大提高。

深入理解便是：要办成一件事，要先进行一些筹划，做好充分准备，创造有利条件，这样会大大提高办事效率，正所谓“磨刀不误砍柴工”。

# 光磨刀也不行

阿德受到启发，辛辛苦苦磨了一天刀，刀是磨得很快了，却一天都没有上山去砍柴；而阿财则是一早就带着磨刀石上了山，一旦刀钝了，随时再磨，晚上回家时，又多砍了两大捆柴。

如此说来，这里面砍柴和磨刀有个时间分配的问题：倘若成天只想着磨刀，而不去砍柴，刀磨得再快也无用武之地。

还有个效率和效果的关系，阿德很辛苦地砍柴，效率很高，一分钟能砍上十几刀，但他用钝刀砍了十几刀也只顶上阿财砍两刀的效果。

从这里，我们可以了解到工作时要追求效率，更要追求效果。如果不把刀磨快，即便效率高，奋力砍了许多刀，但收效甚微，只砍了几根柴，还把自己累得够呛；如果只顾磨刀了，即使刀磨得异常锋利，但分

配给砍柴的时间非常少或者是没有了，这样就没有任何效果或效果特别小。

因此这是两个方面相结合的问题，砍柴是目的，磨刀是方法。

故事中，阿德只看到了做事的手段，只看到刀要锋利，时间全用在磨刀上了，而没有纵观全局。磨刀的目的是为了砍柴，没有了砍柴的目的，那么磨刀还有什么用呢？

## 思考提问

在我们工作和学习中，也有一些这样极端的例子。有一个人，他想考职称和更高的学历，但对于工作一点儿也不积极。虽然他经过十多年的努力，也得到了一些文凭，获得了几个职称，然而却失去了工作。为什么呢?

## 答　案

因为他学的根本没有运用到工作中，那么还有什么单位会要这样一个只学不干的人呢？据说他现在还在忙着考更高的学历和更多的文凭。这些学历和文凭对他来说又有什么价值呢？对社会又会有什么作用呢？

没有经验的积累，没有一边“磨刀”一边“砍柴”的努力，只是一心“磨刀”，没有实际的经验，就不会取得更大的成绩。

# 磨了刀却还是误了工

阿德到外面拜师学艺，又学磨刀又学砍柴，一段时间以后，磨刀与砍柴的水平远远超过了阿财。可当他想去砍柴的时候，才发现山上的树都被砍光了，已经没有柴可砍了。

而阿财这些日子一边磨刀一边砍柴，家里已经有了很多柴。

“磨刀不误砍柴工”这句话一定要有一个前提条件，那就是山上的

柴是多到永远也砍不完的。否则,如果砍柴的人很多而柴很少,等我们慢吞吞地把刀磨快了,柴早就被别人砍光了,我们只能徒然拥有一把最快的刀而望山兴叹了。

这时候磨刀又有什么用呢?我们要做的是刀要尽量磨锋利,但更要快速地去砍柴,磨刀不可以误了砍柴的时机啊。

磨刀的目的要明确,是为了砍更多柴,所以磨刀的时候,一定要掌握好尺度。现在就有一些人陷入了"磨刀"的怪圈,一心想提高自己的学习成绩,却不注意结合实际。这样在解决实际问题的时候,就无从下手。他们可能智力水平非常高,最擅长在纸上谈兵,但偏偏不做任何习题练习。那么这样的同学在最后的考试中,在需要解决实际问题时就只能望洋兴叹了。

## 思考提问

在生活中,怎样处理好"磨刀"与"砍柴"的关系呢?

## 答　案

"磨刀不误砍柴工",一定要准确处理好"磨刀"和"砍柴"的关系:不要只顾着"砍柴"而忘记磨刀,更不要因为"磨刀"耽误了"砍柴"时机,那样损失的就更多了。

当今是知识社会、信息时代,知识的更新速度越来越快,人们需要学习的知识也越来越多。我们只能边学边做,既努力工作又及时充电,把自己培养和锻炼成为一个善于学习、善于解决问题的人,才能适应时代的发展。

# 拿破仑智破盗窃案

在滑铁卢大败之后，拿破仑被流放到大西洋南部的圣赫勒那岛，过着软禁的生活，身边只有一个叫桑梯尼的仆人。

一天，他派桑梯尼去找岛上的罗埃长官，转达他希望有个医生的要求。到中午桑梯尼还没有回来，却从长官部来了一个青年军官，通知拿破仑说：“你的仆人因有盗窃的嫌疑，已经被逮捕了。”

拿破仑赶到长官部，罗埃向他讲了事情的经过：“桑梯尼来这里的时候，我正在处理岛民交来的金币，就叫秘书让他去左边房间等一等。后来，我将金币放在这张桌子的抽屉里，锁上之后去厕所了。由于我的疏忽，抽屉上的钥匙被遗忘在桌子上。过了两三分钟，我回来了，把放在桌子抽屉里的金币数了一遍，却少了10枚。在这段时间里，桑梯尼就在左边房间里等着，桌子上又有我忘带的抽屉钥匙，不是他偷的还有谁呢？因此，我就命令秘书把他抓了起来。”

“但是，你应该知道，左边的门是上了锁的，桑梯尼无论如何也进不来。”拿破仑说。

“他一定是先走到走廊，再从正中的那扇门进来的。”罗埃长官解释道。

“你不是说只离开两三分钟吗？桑梯尼在隔壁根本不可能看到你把金币放在抽屉里，也不会知道你把抽屉钥匙忘在桌子上。你离开的时间又那么短，他怎么可能偷走金币呢？”拿破仑反驳罗埃长官。

“他准是透过毛玻璃看到了一切。”

拿破仑没有说话，而是向房间左边的门走去，他将脸贴近毛玻璃往左边房间仔细地看去，只隐隐约约地看见一些靠近门的东西，稍远一点就看不清了。他又走到右边门前，用手指摸摸门上的毛玻璃，发现和左边门上毛玻璃的质地完全一样，一面光滑，一面不光滑，只是左边房门上毛玻璃不光滑的面在长官室这一边，而右边房门上毛玻璃的光滑面在长官室这一边，右边房间是秘书室。拿破仑转过身来，指着门上的毛玻璃对罗埃说道："你过来看一看，从这块毛玻璃上桑梯尼不可能看到你所做的一切。应当受到怀疑的是你的秘书。"罗埃叫来秘书质问，金币果然是他偷的。

**思考提问**

拿破仑推断的根据是什么呢?

**答　案**

秘书利用毛玻璃的特性偷走了金币，毛玻璃不光滑的一面要加点水又变成平面，透明得可以看到罗埃在房中所做的一切。

# 那一次话剧的表演

美国有个小男孩，长了一个与众不同的大鼻子。班上的同学都嘲笑他，他没有朋友，整天过着孤独寂寞的日子。可两次话剧表演，让小男孩学会了战胜困难。在第一次话剧表演时，小男孩有些紧张，因此没有演好，而他们班也失去了第一名，班上的同学都更讨厌他了。

第二年，又是一次话剧演出，小男孩想要同学不再笑话，整天在家里刻苦地练习，而且一练就到深夜。终于到了比赛那天，小男孩精气十足，帮班里取得了第一。小男孩也随之成了班里的小名人，没有人再嘲笑他，从此面对的，只有同学们羡慕的眼神。在他成长的道路中也遇到了各种各样的困难，而他不怕困难，勇往直前，最终赢得了胜利。

## 思考提问

同学们，从美国小男孩的两次演出你体会到了什么？

## 答　案

美国小男孩能够把困难一一化解，然后再一小步一小步地去战胜困难，最后到达成功的彼岸。同学们我们想想生活中的自己，是否存在因为做不好一件小事而大发脾气的时刻？看了小男孩的做事态度，是不是认为自己太任性了？

我们要向小男孩学习，勇于面对困难，知难而进，才能摘取自己成功的果实。

人生在世，注定要与困难同行的，甚至要与挫折和灾难打交道。所以，我们要做好充分的准备，要学会统筹。

# 高射炮击蚊子

有位在美国留学的计算机系博士生，毕业后在美国求职，可是好多家公司都不录用他。前思后想，他决定收起所有证明，用一种“最低身份”去求职。

于是，他被一家公司录用为程序录入员，凭他的学历干这样的工作，无异于是“高射炮打蚊子”，但他仍干得非常认真。不久，老板发现

他能看出程序中一般程序录入员看不出的错误，这时他拿出学士证，老板给他换了个与大学毕业生对口的职位。

过了一些日子，老板发现他时常能提出许多独到的、有价值的建议，远比一般的大学生要高明。此时，他又拿出了硕士证，于是老板又提升了他。

又过了一段时间，老板还是觉得他与众不同，就对他进行“质问”，此时他才拿出博士证。老板对他的水平有了全面了解，毫不犹豫地重用了他。

**思考提问**

文中的博士生为什么要那样做呢？

**答　案**

这位留美博士，求职时，由于好多公司并不录用他，照这样下去，短时间内是绝不会找到工作的。于是他采用了统筹的方法，由低到高，一步一步地实现自我价值。

# 人人都笑我太憨

从前,有个卖韭菜的菜贩子,每当叫卖时,他都会说这句话:“三斤等于二十三,人人都笑我太憨。”韭菜一斤八分,二斤一角六分,三斤本来应该是两角四分,但是他偏说是二十三分,只收买主两角三分钱。

买韭菜的人一听说买三斤少要一分钱,呼啦一下子都围上来了,

一人三斤,不一会儿就把他的韭菜给买完了。

这人收拾停当,回家又去干别的活儿了。其他卖韭菜的却没有卖完,只好再担回家,第二天,隔夜的韭菜全不新鲜了,再便宜也没人要了。

## 思考提问

同学们,你觉得这位菜贩子是不是很精明啊?他精明在哪里?

## 答　案

这个菜贩子,三斤韭菜少收买主一分钱,看似吃亏,而实际上却是做到了利益最大化。因为买主众多,他不但把韭菜全卖了,而且还没耽误干别的活儿,岂不是“一箭双雕”的好事吗?看看他的统筹学是不是运用得很好啊!

# 因此我便救了你们一命

一个漆黑的深夜，老鼠首领带领着小老鼠们出外觅食，在一家人的厨房里发现了大堆的剩余饭菜，对于老鼠们来说，就好像发现了宝藏。

正当一大群老鼠欢呼雀跃之际，突然传来了一阵令它们肝胆俱裂的声音——一只大花猫的叫声。

它们震惊之余，便四处乱窜，大花猫也不留情，穷追不舍，终于有两只小老鼠手忙脚乱，被大花猫捉到。正当小老鼠们要被吃掉的时候，突然传来一连串凶恶的狗吠声，令大花猫惊慌失措，狼狈逃命。

大花猫走后，老鼠头目施施然从角落里走出来说："我早就对你们说，多学一种语言有利无害，这次我救了你们一命。"

**思考提问**

同学们从上面的一则有趣的故事中，领悟到了什么？

**答　案**

多一门技艺，多一条路。不断学习的确是成功人士的秘诀。在这个年代指望一门手艺吃饭肯定会饿死的，所以从学生时代起我们就要学会为自己的将来做好统筹规划。

# 从跑广告到当主编

《时尚BAZAAR》杂志的主编苏芒，年轻时是个文学青年，对文学有着执著的信念。

进入《时尚BAZAAR》杂志社后，她立志做好一名文字编辑。但在干了一段时间的编辑工作且成绩还不错的情况下，领导却让她去跑广告。

从办公室的安逸工作中走出,体会拉广告的种种辛苦,有人说她相当吃亏,苏芒却坦然面对。

跑广告,一跑就是五年,在与诸多广告客户交往的过程中,她对时尚品牌有了深刻的认识,对杂志社的经营管理有了自己独到的见解。在她的努力下,杂志社先后创办了两本子刊,她本人也最终成为《时尚BAZAAR》杂志的主编。

**思考提问**

同学们,在主编苏芒身上,你体会到了什么?

**答　案**

苏芒的领导把在办公室工作的她调去跑广告,苏芒并没有怨天尤人,而是坦然面对。她利用“统筹学”的方法,合理规划自己的前程,在和广告客户的交往中,体会了经营管理的精髓。最终,苏芒帮助杂志社创立子刊,并最终成为杂志主编。

# 你生病了

一天，扁鹊进见蔡桓公，站了半天说道："您有病在皮下，要是不治，恐怕会更严重。"

桓公回答说："我并没有生病。"

扁鹊离开后，桓公说："医生总是喜欢给没病的人治病，并把这作为自己的功勋。"

过了十天，扁鹊又参拜蔡桓公，说："您的病已经到了肌肤，要是不治，就会更加严重了。"

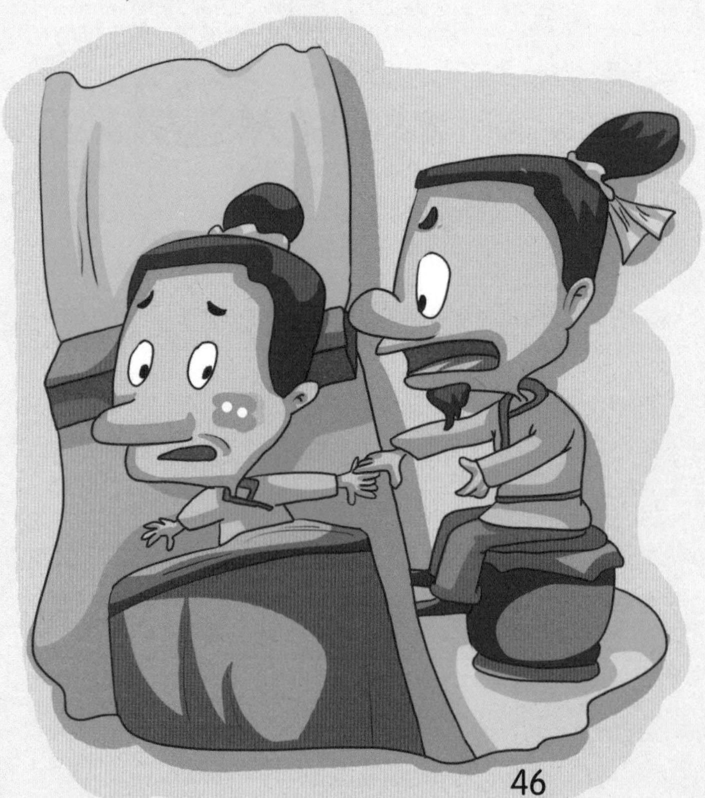

桓公听后不理睬他。几天后，扁鹊又见到蔡桓公，说："您的病已经进入肠胃，要是不治，就更加厉害了。"桓公依旧不理睬他。扁鹊退出，桓公很不痛快。

又是十天过去了，扁鹊见到桓公转身就走。

桓公很诧异，故此特派人去问他，扁

鹊说:“病在皮下,用药热敷治疗就可以医治好;病在肌肤之间,用针刺就能够医治好;病在肠胃中,用清火汤剂就能够医治好;要是病在骨髓,那就是掌管生命的神所管,我就无力治疗了。现在桓公的病已蔓延到骨髓里面,我因此不再过问了。”

过了五天,桓公感到浑身不适,便派人去寻找扁鹊,这时,扁鹊已经逃到秦国去了。之后没过多久,桓公病逝。

### 思考提问

同学们,从桓公的悲惨下场中,你明白了什么?

### 答　案

桓公生病正经历了这样一个由内在向显著发展的过程。它由腠理而至肌肤,由肌肤而至肠胃,一时虽未造成身心剧痛,但病情却仍在不间断地逐步发展,以致由肠胃而至骨髓,发生了本质的变化,终于使桓公陷入了无可挽回的绝境。

一切祸患在开始发生时都是不易察觉、难于觉察的,如果不注意防范,必将产生由量到质的变化,结果最终酿成大害;同时也提醒我们,要避免祸患,必须见微而知著,及早加以预防。这就是从细微入手解决大问题的统筹思想。

# 一封奇异的家书

有一个美丽的小镇，镇子东街住着小商贩黄果木一家。黄果木虽然大字不识一个，可做买卖却十分精明，每次出去，总能带回不少银子来。这年春天，黄果木又告别了妻子秋竹，进关来到繁华的天津城。

两个月后，黄果木做生意挣了一些钱。一天，他独自一人坐在客房里，双眉紧蹙，脸上布满了愁云。原来，临从家里出来时，他父亲刚刚生病去世，为医治父亲的病，几乎花光了家里的积蓄。他知道家里一定等着用钱，应该尽快把这两个月挣的银子送回去。可是眼下正在进行着一笔大买卖，他怎能放过这样一个挣钱的机会呢！想到这里，黄果木不禁长叹一声。

"老弟，听说你又发了大财，怎么还唉声叹气呢？"这时一个油头粉面的青年男子走进屋来。

黄果木一看，来人是同街的邻居陈阿六，忙起身让座："来来来，仁兄，你什么时候到这来的呢？"

陈阿六看看屋内没有外人，便故作神秘地对黄果木说："老弟，我这次来天津也算福分不浅，一共赚了这个数。"说着，伸出了两个手指头。

"挣了二十两银子？"

"不对，少说了十倍！"

"什么？二百两银子？"

"对了，其实还能多挣，可我惦念家里的人，明天就要回去了。"说到这里陈阿六看了一眼黄果木那忧伤的面容，又说："哎，老弟，不往家捎个信吗？”

“噢，对了！”黄果木这才想起要往家里捎银子的事，忙说道：“仁兄，我想托你给家里人捎点银子去，行吗？”

“这有什么，不必客气，一定给你捎到。”陈阿六答应得很痛快。

黄果木高兴地借来纸墨。陈阿六站在一旁感到很奇怪，心想，这小子斗大的字不识一个，怎么竟写起家书来了。他好奇地伸过脖子一看，差点笑出声来。那哪是什么家书，是一副奇特的画。黄果木在纸上画了三座高山，并在每座山头上画了一面小旗。陈阿六忽然明白了，这可能是黄果木画给儿子玩的，于是脱口问道：“这是给儿子画的吧？”

黄果木刚要说什么，却又止住了，只是朝陈阿六点了点头，并从包袱里拿出了三十两白银，连同画一起交给了陈阿六。

半个月后，陈阿六带着银子和那张画来到了黄家。黄妻秋竹得知丈夫托陈阿六给自己捎来了银子，很是高兴。可是当秋竹看过那幅画后，把陈阿六拽住了，问道：“孩子他爹托你捎回来三十两银子，你怎么才交给我十两呢？”

“那……那怎么能呢？”陈阿六的脸一下子红到了脖子根，嗫嚅着说道。

秋竹指着画一说，陈阿六羞愧难当，只得交出昧下的那二十两白银。

**思考提问**

秋竹是怎么知道丈夫给自己捎来了三十两银子的呢?

**答　案**

秋竹把画递到陈阿六的面前，指着画上的三座山说：“三山(三)得九！”又指着山上的三面小旗说，“三旗(七)二十一！你是读过书的人，加一加看吧！”

# 舔血的豺狼

羊群中有两只公羊不知何故打了起来，它们用犄角互相顶撞，都流了不少血在地上。

此时，一只豺狼走过来，高兴地以为这下可以吃羊肉了。它跑到两

只羊中间，见地上有血，就想先舔点儿血再吃肉。这时，两只羊又撞到一起，这只豺狼光顾舔血，没来得及躲开，结果被羊给撞死了。

**思考提问**

通过这个故事，我们学到了什么呢？

**答　案**

这只豺狼就光顾着眼前的羊血了，万万没想到还存在被撞死的危险，没能达到统筹兼顾。

虽然人类比狼要高明许多，但是像这样因小失大的事却也频频发生。

某食品厂原是业内知名企业。但为了节约成本，竟用前一年未卖出的月饼中的馅料来做当年的新月饼，结果为了舔这点“血”，导致企业名誉扫地，最终破产。

无论是那只舔血的豺狼，还是破产的食品厂，都缺乏统筹兼顾的思想，为了一点儿蝇头小利最终葬送了自己。

# 鼹鼠的收获

同学们，你们见过鼹鼠吗？它们是完全生活在地下的地鼠，它们的专长是在地底下挖洞，挖的可不只一条，而是四通八达、立体网状的地道。

想挖出这样的坑道当然很不容易，但一旦完成，就可以守株待兔地等食物上门。同样在地下钻土而行的蚯蚓、甲虫等等，经常会不知

不觉闯进鼹鼠的坑道中，被来回巡逻的鼹鼠捉住。鼹鼠在自制的网状坑道里绕行一周(有时要花上几个钟头)，就能抓得到很多掉进陷阱的猎物。

如果捕获的食物太多吃不完，鼹鼠就先将它们咬死，放在储藏室里。有人就曾在鼹鼠的储藏室里发现成千上万只昆虫的尸体。

## 思考提问

同学们，鼹鼠聪明在哪里?

## 答　案

鼹鼠很费劲地在地底挖洞，挖成了四通八达、立体网状的坑道，挖成后就可以守株待兔地等昆虫上门了。鼹鼠很好地进行了统筹，先多花些时间，做好完善的硬件设施，未雨绸缪，这样才有一劳永逸的日子可过。鼹鼠运用统筹学的能力让人类吃惊!

# 危险来临就没时间磨牙了

一只野狼卧在草上辛苦地磨牙，狐狸看到了，就对它说："天气这么好，大家都在休息玩耍，你也加入我们队伍中吧！"

野狼没有说话，接着磨牙，把它的牙齿磨得又尖又利。

狐狸吃惊地问道："森林这么静，猎人和猎狗已经回家了，老虎也不在附近游荡，没有一点儿危险，你为什么还那么辛苦地磨牙呢？"

野狼停下来回答说："你想想，如果我现在休息、玩耍，假如猎人或老虎突然来临，到那时，我想磨牙也来不及了呀。我随时都把牙磨好，关键时候才能够保护自己啊。"

**思考提问**

同学们，从野狼的话中，你明白了什么道理？

**答　案**

未雨绸缪是绝对必要的。

做任何事，都应该学会未雨绸缪，居安思危，这样在危险突然降临时，才不至于慌张失措。

作为学生，平时就要注意知识的累积；书到用时方恨少，平常若不充实自己，临时抱佛脚便为时已晚。也只有这样，当机会来临时，才有足够的学识与能力胜任。

# 晋文公退避三舍

晋文公即位后,开始调理内政,发展生产,一心想把晋国治理好。他也想像齐桓公一样,做中原的霸主。

这时候,恰巧周朝的天子周襄王派人来讨救兵——周襄王有个异母兄弟叫太叔带,联合了一些大臣,向狄国借兵,企图篡夺王位。

周襄王带着几十个随从逃到郑国。他发号施令,要求各国诸侯护送他回洛邑去。列国诸侯有派人去看望天子的,还有送食物去的,可就

是没有人愿意发兵勤王。

下属对周襄王说："现在诸侯当中，只有秦、晋两国有力量打退叛军，别人恐怕不中用。"襄王于是下令让使者去请晋文公护送他回朝。

晋文公立刻发兵往东打过去，把叛军打败，又将太叔带杀死，并护送天子返回京城。

转眼两年，宋襄公的儿子宋成公又来讨救兵，说楚国派大将成得臣率领楚、陈、蔡、郑、许五国兵马进攻宋国。大臣们都说："楚国老是欺负中原诸侯，主公要帮助有困难的国家，建立霸业，这可正是时候。"

晋文公早就觉得，要当上中原霸主，就得打败楚国。他于是扩充队伍，整顿三军，气势浩荡地去救宋国。在行军途中借机攻打了归附楚国的曹国和卫国，并捉走了这两国的国君。

楚成王原本并没想与晋文公交战，听到晋国出兵，马上派人下命令叫成得臣退兵。但是成得臣以为宋国迟早可以拿下来，不肯中途放弃。他派部将去对楚成王说："我不敢说一定打胜仗，但也要拼出个死活。"

楚成王听后很不满意，于是只派了少量兵力归成得臣指挥。

成得臣先命人通知晋军，要他们释放卫、曹两国国君。晋文公却背地通知这两国国君，答应恢复他们的地位，但是要他们先跟楚国绝交。曹、卫两国真的按晋文公的意思去做了。

成得臣一心想救这两个国家，没想到他们倒先来跟楚国绝交。这一来，真气得他直跺脚。他吼道："这分明是晋国的诡计。"他立即下令，催动军队赶到晋军屯兵的地方去。

楚军一进军，晋文公马上命令往后撤。晋军中有些将士可想不开啦，说："我们的统帅是国君，敌军带兵的是臣子，哪有国君让臣子的理儿？"

这时，晋文公手下一名叫狐偃的臣子替文公辩解道："打仗先要凭个理，理直气就壮。当初楚王曾经帮助过主公，主公在楚王面前答应过:如果两国交战,晋国情愿退避三舍。今天后撤,就是为了实践这个诺言啊。要是我们对楚国食言,那么我们就理亏了。如果我们退了兵,他们还不善罢甘休,步步进逼,那就是他们输了理,我们再跟他们交手也不迟。”

晋军一口气退了九十里,到了城濮(今山东鄄城西南),才停下来重新排兵布阵。

楚国有些军官见晋军后撤,想停止攻击。可是成得臣却不愿意,一步步追到城濮,跟晋军遥遥相对。

成得臣还派人向晋文公下战书,语气十分傲慢。晋文公也派人回答说:“贵国的恩惠,我们从来都不敢忘记,于是退让到这儿。现在既然你们不肯谅解,那么只好在战场上拼个死活了。”

大战开始了。才一过招,晋国的将军用两面大旗,指挥军队向后撤退。他们还在战车后面拖着伐下的树枝,战车退后时,地上掀起阵阵尘

土，显出十分惊慌失措的模样。

成得臣一向狂妄自大，不把晋人放在眼里。他不管不顾地直追上去，正中了晋军的埋伏。晋军的中军精锐，突然从旁边发动进攻，把成得臣的军队拦腰切断。原先假装后撤的晋军又调转头来攻打，前后夹击，把楚军杀得丢盔弃甲。

这时晋文公下令，吩咐将士们只要把楚军赶跑就是了，不再追杀。成得臣带了败兵残将，在回去的半路上，自认没法向楚成王交代，就自杀了。

晋军占领了楚国营地，把楚军来不及带走的粮食吃了三天，才凯旋回国。

晋国打败楚国的消息传到周都洛邑，周襄王和大臣都认为晋文公立了大功。周襄王还亲自到践土（今河南原阳西南，践音jiàn）犒劳晋军。晋文公趁此机会，在践土给天子建了一座新宫，约了各国诸侯订立盟约，就此成为中原霸主。

**思考提问**

同学们，从晋文公退避三舍的典故，你获得了什么感悟？

**答　案**

晋文公答应过楚王，如果晋楚开战，他会向后退"三舍"，晋文公言行一致，足智多谋。其实，这也是一种在危机来临时，学会躲避困难，伺机再战的统筹学。

# 等你准备好了以后再来

有个年轻人去微软公司求职，而该公司并没有刊登过招聘广告。见总经理疑惑不解，年轻人用不太流利的英语解释说自己是碰巧路过这里，就贸然进来了。总经理感觉很吃惊，破例让他一试。

面试的结果令人吃惊，年轻人表现糟糕。他对总经理的解释是事先没有准备，总经理觉得他不过是找个托词，就随口应道："等你准备

好了再来吧！”

一周后，年轻人再次走进微软公司的大门，不过这次他还是没有成功。但比起第一次，他的表现要更加成熟。而总经理给他的回答仍然同上次一样：“等你准备好了再来。”

就这样，这个青年先后五次踏进微软公司的大门，并最终被公司聘用，成为公司的重点培养对象。

**思考提问**

同学们，从这个年轻人身上，你有哪些体会呢？

**答　案**

年轻人以勇敢者的气魄，坚定而自信地对自己说“再试一次！”再试一次，使他达到了胜利的顶峰！什么东西比石头还坚硬，或比水还柔软？然而水滴却穿透了硬石，没有别的，只是坚持不懈而已。

# 第二章　一石击两鸟

# 勤劳蚂蚁与懒惰蚂蚁

日本北海道大学进化生物研究小组,对三组分别由30只蚂蚁组成的蚁群活动进行了观察。

结果发现,五分之四的蚂蚁都很积极地寻找、搬运食物,不停地清理蚁穴垃圾,很少停下来休息。少数工蚁却整日闲得很,几乎不参加任何工作,我们把这少数蚂蚁称为“懒蚂蚁”。

通常情况下，要表扬持之以恒、坚忍不拔的勤劳蚂蚁，批评不劳而获、游手好闲的懒惰蚂蚁。可有意思的情况发生了，生物学家在这些“懒蚂蚁”身上做了标记，并且断绝了蚂蚁的食物来源。那些平时很积极工作的蚂蚁一筹莫展，而“懒蚂蚁”却“挺身而出”，带领众伙伴向它早已探寻到的新的食物源转移。

生物学家又把“懒蚂蚁”全部抓走放在新的地方，结果其中五分之四的“懒蚂蚁”变成了勤劳蚂蚁，依旧有五分之一的蚂蚁依旧“懒惰”。它们原来所在蚁群中的所有蚂蚁都停止了工作，不知所措，直到把那些“懒蚂蚁”再放回去，整个蚁群才又恢复井然有序的工作。

## 思考提问

同学们，勤劳蚂蚁与懒惰蚂蚁的故事，让你领悟到什么了吗？

## 答　案

原来“懒蚂蚁”们把大部分精力都花在了“侦察”和“研究”上了。它们能观察到组织的薄弱之处，同时保持对新的食物来源的搜寻状态，从而保证群体不断获得新的食物。

相对而言，蚂蚁都很勤奋，任劳任怨，但蚁群中却也不能没有这五分之一的“懒蚂蚁”。

# 羊群的选择

上帝把两群羊放在草原上，一群在东，一群在西。上帝还给羊群设置了两种天敌，一种是狮子，另外一种是狼。

上帝对羊群说："假如你们要狼，就给一只，任它随意咬你们。假如你们要狮子，你们可以在两头狮子中任选其一，还可以随时更换。"

东边那群羊想，狮子比狼凶猛得多，还是要狼吧。因此，它们就要了一只狼。西边那群羊想，狮子虽然比狼凶猛得多，但我们有选择权，

还是要狮子吧。因此,它们就选择了两头狮子。

狼钻进了东边的羊群后,就开始吃羊。狼的体积小,食量也小,一只羊就够它吃几天了。这样羊群几天才被迫害一次。西边那群羊挑选了一头狮子,另一头狮子则暂时留在上帝那里。

这头狮子进入羊群后,也开始吃羊。狮子不仅比狼凶猛,而且食量惊人,每天都要吃一只羊。于是羊群天天都要被追杀,大家都十分恐慌。

羊群赶紧请上帝换一头狮子。没想到,上帝保管的那头狮子一直没有吃东西,正饥饿难耐,它冲进羊群,比前面那头狮子咬得更疯狂。羊群一天到晚逃命,连草也吃不成了。

东边的羊群庆幸自己选对了天敌,笑话西边的羊群没有眼光;西边的羊群非常懊恼,向上帝大倒苦水,要求更换天敌,改要一只狼。

上帝说:“天敌只要确定,就不能更改,你们唯一的权利是在两头狮子中变更。”

西边的羊群只好不断更换两头狮子。可两头狮子都很凶残,换哪一头都比东边的狼吃羊吃得多。它们干脆不换了,让一头狮子吃得膘肥体壮,另一头狮子则被饿得瘦极了。

瘦狮子经过长时间的饥饿后,慢慢明白了一个道理:自己虽然凶猛异常,可是自己的命运却掌控在羊群手里。羊群随时可以把自己送回上帝那里,自己甚至有可能饿死。

明白这个道理后,瘦狮子就对羊群特别客气,只吃死羊和病羊,凡是健康的羊,它都不吃了。羊群欢欣鼓舞,有几只小羊提议干脆固定要瘦狮子,不要那头膘肥体壮的狮子了。

一只老公羊提醒说:“瘦狮子是怕我们送它回上帝那里挨饿,才对我们这么好。万一肥狮子饿死了,我们没有了选择的权利,瘦狮子很快就会恢复凶残的本性。”

原先膘肥体壮的狮子，被换回上帝那里后也已经饿得皮包骨头了，慢慢也明白了自己的命运掌控在羊群手里的道理。一旦被换回，总想要在草原上待久一点，竟百般讨好起羊群来，为羊群寻找水源和草场，甚至威胁东边的那头狼不要来骚扰这里的羊群。

西边的羊群在经历了种种磨难后，终于过上了自由自在的生活。东边的那群羊的处境却越来越困难了，那只狼因为没有竞争对手，羊群又无法更换它，它就胡作非为。更可恨的是，狼为了不让它肯定打不

过的西边的狮子来寻它的晦气，竟定时向西边的狮子供应从东边羊群里精挑细选出来的肥羊，讨好从来吃不到活羊的狮子。东边的羊群只能叹息："早知道这样，还不如要两头狮子。"

## 思考提问

同学们，读了这个故事，你有什么想法？

## 答　案

一、引进竞争机制是不错的选择。两只狮子间的竞争，会让它们有所顾忌。

二、事物的存在和发展都是辩证的。狼早晚会把羊吃完，最后饿死。

三、事物是发展的。狮子和狼早晚有死去的时候，羊群却能一直繁衍下去。

四、感谢你的敌人。如果狮子和狼都死了，羊没了天敌，羊群也早晚会灭绝。

# 没有奖励谁还叫

一位老人在一个小乡村里疗养，旁边住着一些十分顽皮的孩子，他们天天互相追逐打闹，吵闹声使老人无法正常休息。

在屡教不改的情况下，老人想出了一个办法：他把孩子们都叫到一起，告诉他们谁叫的声音越大，谁得到的报酬就越多，并时常根据孩子们吵闹情况给予不同的奖励。

到孩子们已经习惯获得奖励的时候，老人开始逐渐减少所给的奖励，直到无论孩子们怎么吵，老人一点儿奖励也不给了。

孩子们认为受到的待遇越来越不公正，认为“再也不会得到老人的奖励了”，所以就再也不到老人所住的房子附近大声喧哗了。

## 思考提问

同学们，读了这个故事，你得到什么启示呢？

## 答 案

老人的做法，就是准确地利用了统筹学。对于这些孩子，他们如果只用外在理由(得到奖励)来解释自己的行为(吵闹)，那么，一旦外在理由不再存在(没有奖励了)，这种行为也将趋于结束。

# 没有了狼，鹿会怎样

在美国亚里桑那州北部有一片非常漂亮的森林，森林中有四千多只可爱的鹿经常出没，但森林中残暴的狼却时常捕杀它们，人们非常担心可爱的鹿会因此灭绝。

1917年，时任美国总统的西奥多·罗斯福想让森林中的鹿获得保护，因此请来猎人，经过长达25年的捕杀，杀死了森林中几乎所有的狼。

狼没有了，但森林里却出现了令人担忧的事情——一天天增多的鹿，不断地啃食着森林中的树木，森林被破坏得面目全非，能被食用的资源已所剩无几。

没多长时间，缺少食物的鹿从十万多只锐减到四万多只，同时，鹿群中疾病蔓延。到了1942年，受损的森林中只有不到八千只病鹿在苟延残喘了。

**思考提问**

同学们，大家想一想，为什么会这样呢？

**答　案**

杀狼的命令违背了自然法则，最后弄巧成拙。

如今，人类的意识有了很大的提高，明白了自然界中每种动物都有它存在的价值。

# 多多益善

有一个国王，出门前，交给三个仆人每人一锭银子，吩咐道："你们去经商，等我回来时，再来见我。"

国王回到家时，第一个仆人说："主人，你交给我的一锭银子，我已赚了十锭。"因此，国王奖励他十座城邑。

第二个仆人报告说："主人，你给我的一锭银子，我已赚了五锭。"因此，国王便奖励他五座城邑。

第三仆人报告说："主人，你给我的一锭银子，我一直包在手帕里，

担心丢失，一直没有拿出来。”于是，国王命令将第三个仆人的一锭银子赏给第一个仆人，说：“凡是少的，就连他自己的，也要夺过来。凡是多的，还要给他，叫他多多益善。”

## 思考提问

同学们，在这个故事中，三个仆人原先的财富是相同的，到最后却相差悬殊。你能分析出其中的缘由吗？从中你明白了什么道理？

## 答　案

最后差距的形成有两个阶段。

第一个阶段是国王回来前，他们各自去经商，这时的差距是他们自身因素（如努力等）形成的。

第二个阶段是国王回来的时候，国王对他们进行奖惩，这时的差距是外界原因形成的。

可是值得引起重视的是，第二阶段外界因素的影响是建立在第一阶段结果的基础上的，并且第一阶段的结果又取决于自身的因素。所以开始时自身因素的一点儿小差异导致了后来的差异，到最后，差异进一步放大了。

任何个人、群体或地区，一旦在哪个方面（如金钱、名誉、地位等）取得成功和进步，就会产生一种优势积累，从而会有更多的机会取得更大的成功和进步。

强者总会更强，弱者也就更弱。

# 盛水量由什么决定

想要把一只木桶盛满水，桶的每块木板必须都一样齐整无缺失，如果这只桶的木板中有一块不齐或者某块木板下面有破洞，这只桶就不能盛满水。

一只木桶可以盛多少水，并不取决于最长的那块木板，相反，却取决于最短的那块木板。也就是说，不管一只木桶有多高，它盛水的高度取决于其中最低的那块木板。

木桶理论告诉我们：木桶的储水量正是取决于最短板的长度。

但是，在特定的使用状态下，通过相互配合，可增加一定的储水量：如有意识地把木桶向长板方向倾斜，其储水量当然比木桶直立时多；或者为了暂时提升储水量，可以将长板截下补到短板处。

木桶的长久储水量，还取决于木桶各木板的配合及牢靠性：配合要紧密，没有空隙；各块木板都有其特定的位置和顺序，不能有偏差。否则就会出现缝隙，结果只能导致漏水。

单个的木板再长也无济于事，如不强调上述因素，这样的木板组合只能是一堆木板，而不是一个完好的木桶。

## 思考提问

同学们，在水桶的故事中，你明白了什么道理呢?

## 答　案

把我们学习的学科综合成绩比作一个大木桶，每一门学科成绩都是组成这个大木桶的不可丢失的一块木板。

我们整体成绩的稳定不能仗某一两门学科成绩的突出，而是应该取决于各科目的整体情况，特别取决于它是否存在某些显著的薄弱环节。

实践表明，在很多方面应用木桶效应都能取得很好的效果。

# 我只用你两年

曾任法国总统的戴高最喜欢下面这个故事。

森林中有十几只刺猬冻得直发抖。为了取暖，它们便紧紧地抱在一起，却因为忍受不了彼此的长刺，很快就又分开了。

不过天气实在太冷了，它们又想依偎在一起取暖，然而抱在一起时的刺痛，又使它们不得不再度分开。就这样不停地分了又聚，聚了又分，它们不断在受冻与受刺两种痛苦之间徘徊。

最后，刺猬们终于找出了一个合适的距离，既能够相互取暖而又不至于会彼此刺伤。

在戴高乐十多年的总统生涯里，他的秘书处、办公厅和私人参谋部等顾问和智囊机构，没有一个人的工作年限能超过两年。

他永远会对每一位新上任的办公厅主任这样说："我只用你两年，正如人们不能以参谋部的工作作为自己的职业一样，你也不可以以办公厅主任的工作作为自己的职业。"

**思考提问**

同学们，你怎么看待戴高乐的规定？

**答　案**

这一规定出于两方面考虑：

其一，在戴高乐看来，调动是正常的，而固定是不正常的。这是受部队做法的影响，因为军队是不固定的，没有始终固定在一个地方的军队。

其二，他不想让"这些人"变成他"离不开的人"。

这证明戴高乐是个主要靠自己的思维和决断生存的领袖，他不容许身边有永远不动的人。

唯有调动，才能保持一定距离；而唯有保持一定的距离，才能确保顾问和参谋的思维充满朝气。

戴高乐的做法是令人深思和敬佩的。如果没有距离感，领导决策过分依赖于某几个人，容易使智囊人员干涉政务，进而使这些人假借领导名义，为自己谋取私利。

两相比较，还是保持一定距离好。可见戴高乐作为总统优雅的统筹艺术。

# 丁谓开工

宋真宗在位时,皇宫曾失火。一夜之间,诸多楼台亭榭变成了废墟。为了修复这些失火的建筑,宋真宗派当时的晋国公丁谓主持修缮工作。

当时，要完成这项艰巨的修复工程，面临着三个大问题：第一，需要把大量的废墟垃圾清理掉；其二，要运来大批木材和石料；第三，要运来大量新土。不论是运走垃圾还是运来建筑材料和新土，都涉及到大量的运输困难。假如安排不当，施工现场会一片混乱，正常的交通和生活秩序都会受到严重影响。

丁谓研究之后，制订了这样的施工方案：首先，从施工现场向外挖了很多条大深沟，把挖出来的土作为施工需要的新土备用，于是就解决了新土问题。

然后，从城外把护城河水引入所挖的大沟中，因此就可以利用木排及船只运送木材石料，解决了木材石料的运输困难。

最后，等到材料运输任务完成以后，再把沟中的水排掉，把工地上的垃圾倒进沟内，把沟重新填为平地。

## 思考提问

同学们，你来评价一下丁谓的方案吧？

## 答　案

简单来说，这个方案就是这样一个过程：挖沟（取土）→引水入沟（水道运输）→填沟（处理垃圾）。

丁谓研究的方案运用了统筹学的思想。按照这个施工方案，不仅节约了许多时间和费用，而且使工地秩序井然，让城内的交通和生活秩序不受施工太大的影响，的确是很科学的施工方案。

# 为什么我的网会破

在一座破旧的庙里住着两只蜘蛛，一只在屋檐下，另一只在佛龛上。一天，破庙的屋顶坍塌了。值得庆幸的是，两只蜘蛛没有受伤，它们依然在自己的地盘上忙碌地编织自己的网。

过了一段时间，佛龛上的蜘蛛发现自己的网总是会破。

一只小鸟飞过，一阵小风刮起，都会让它忙碌地去补上半天。它去问屋檐下的蜘蛛："我们的丝没有区别，所处的地方也没有变化。为什么我的网总是会破，而你的网却没事呢？"

屋檐下的蜘蛛笑着说："难道你不知道如今你头上的屋檐已经没有了吗？"

### 思考提问

同学们，这个故事让你领悟到了什么？

### 答　案

修网固然很重要，但了解网破的原因更重要。

我们来看看那只总是需要补网的蜘蛛，它的网为什么会经常破呢？

或许，它根本就选错了地方。例如，找了个风口来织网，网自然很容易就破。它为何不能换一个地方，非得一遍又一遍地修网呢？可见它没有跳出狭窄的视野，没有找到问题的关键所在。

有句话叫：会者不忙，忙者不会。

学习是一门艺术，作为学生，要想做到"运筹帷幄之中，决胜千里之外"。不光要坚持不懈地"补网"，更关键的是要多学习一些学习方法，只有把自身的高度提升上来了，在学习时才能像"屋檐下的蜘蛛"一样，抓住事情的关键点。

在学习的时候，如果没有抓住决定事物发展的关键，处理事物不得要领，而是把主要精力放在解决问题的表面上，就是治标不治本。

# 瞬间的想法

1943年,第二次世界大战仍未停息。

望着门口等待验血的长龙般的征兵队伍,美军军医道夫曼不禁陷入了沉思:“这些小伙子看来都非常健康,可是要招收他们入伍,就一定要验血检查一次,以防止把那些可怕的疾病带入军队中。每个人必须接受一次化验,这要花费多少时间啊!”

道夫曼不禁想到那些不断重复的化验操作：抽血，投入试剂，观察反应……如果是阴性就算通过；要是阳性，则表明带有病毒。就这么简单。

突然，一个念头闪过他的脑子："为什么不把一群人的血液都放在一起，集体化验一下？"假如是阴性，就一下子全部通过；如果是阳性，就分成几组再试。如果100个人中有1个病号，可把他们分为10组，每组10人。先每组集体化验一次，肯定有一组为阳性。然后再将这组人的血逐个化验一遍，这样最多化验20次就足够了。

他的想法经过实际操作后，果然大大加快了验血速度。

**思考提问**

同学们，从道夫曼的故事中，你感受到了什么?

**答　案**

道夫曼运用了"群试"的方法。通过运用统筹学，提高了验血工作的效率。

# 到底谁聪明

有一个笨头笨脑的流浪汉，常喜欢在市场里逛荡。许多人因为他是流浪汉而故意取笑他，这些人乐此不疲地用各种方法拿他开玩笑。

其中有一个大家觉得很有趣的方法，就是在手掌心里放上五角和一元的硬币，让这位流浪汉来选。

让大家觉得非常可笑的是，这位流浪汉每次都会选择那枚五角的硬币。大家认为他真是太傻了，竟然不知道要拿面值大的，因此，每次流浪汉拿走硬币后，大家都捧腹大笑。

过了一些日子，有一位常常帮助流浪汉的女士问他："你真的连五角和一元的硬币都分不清楚吗？"流浪汉露出了狡黠的笑容说："如果我拿了一元的，以后我就再也不会拿到五角的了。"

瞧，到底谁聪明呢？

## 思考提问

同学们，这个故事讲完后，你认为流浪汉真傻的吗？他为什么要这样做呢？

## 答　案

流浪汉并不傻，这样他才会有更多的获得五角钱的机会。

自以为聪明的人，也许并不聪明；看上去很傻的人也未必就是真傻。人要学会为长远目标而放弃眼前的小利益。

# 希望造就的奇迹

我们来看一段回忆录。

1944年8月一天午夜，我身负重伤。舰长下令由一位海军下士驾一艘小船趁着夜色送我上岸治疗。不幸的是，小船在那不勒斯海域迷失了方向。那位掌舵的下士不知所措，一度想拔枪自杀。

我劝告他说:"你不要这样做。"尽管我们在危机四伏的黑暗中漂荡了四个多小时,孤立无援,并且我还在淌血……

但是,我们还是应该有耐心……

老实说,尽管我在不停地劝告着那位下士,可连我自己都没有一点儿信心。突然,前方岸上攻击敌机的高射炮爆炸了,火光闪亮。这时我们才发觉,小船离码头只剩三海里了。

普拉格曼说:"那夜的经历一直留在我的心中,这个戏剧性的事件使我领悟到,生活中有很多事被认为不可改变的、不可逆转的、不可实现的,其实大多数时候,这只是我们的幻觉。正是这些'不可能'将我们的生命'围'住了。"

二战后,普拉格曼决心成为一名作家。开始的时候,他接到过无数次的退稿,大家都说他在这方面没有天赋。但每当普拉格曼想要放弃的时候,他就想起那戏剧性的一晚。因此他鼓起勇气,一次次突破生活中各种各样的"围墙",终于有了后来的成功。

**思考提问**

同学们,从普拉格曼的故事中,你感受到了什么?

**答　案**

一个人应该永远对生活抱有信心,永不放弃。就算在最黑暗、最危险的时候,也要相信希望就在前方……

# 谁的功劳大

有一位农夫养着一头驴和一匹马，靠运输来养家糊口。

每天天不亮，农夫就要牵着驴马驮着东西运到山那边，到满天星斗的时候才回家。每次马驮着的货物都比驴驮着的多，但是每天晚上他们吃的饲料是一样多的。尽管如此，它们很团结，相互帮助渡过不少难关。

有一天老黄牛和这匹马聊天："你每天做那么多活，驴干的那么少，但它吃的和你一样多，这样对你真是不公平，想想就让我感到生气。"

马想，的确如此："我每天驮的东西都是驴驮的两倍，它凭什么吃的和我一样多！"于是马开始偷懒，不怎么努力了，并向主人反映这个情况，要求平等对待自己和驴。

老黄牛又对驴说："马总是跟我说，主人能有今天的财

富，都是它一个人的功劳，还说你总是偷懒贪吃。”

从此，驴不再和马同心协力。驴要证明给马看，主人能有今天的成就，不仅有马的功劳，还有自己的。

主人同意了马和驴的要求。这天，农夫又要往山那边运东西，这次，他给马和驴的重量是相同的。

走到半路上驴体力不支了，它悄悄地对马说："我知道主人能有今天的成就大部分是你的功劳。现在你帮我分担些吧，如果我死了，那么我现在驮的东西都要归你驮了。"

马这时傲慢地说："现在主人还不知道谁的功劳大呢，等你累死了就知道我的功劳有多大了。"

驴终于累死在半路上。这一下，所有东西都归马驮着了。本来马驮

自己的那些东西已经很辛苦了，现在却要驮着双倍的份量，最后也累死在路上。

最倒霉的是老黄牛了，本来他可以自在地生活。但由于它那几句话，把驴和马双双累死，剩下的工作只能由它去完成了，最终也被累死了。

## 思考提问

同学们，读了上面的马、驴、牛的故事，你明白了什么？

## 答　案

马做马的工作，驴干驴的活，分工明确，各出各的一份儿力气。偏偏牛好事，结果驴先累死了，马吃尽了苦头，也累死了。牛尝尽了苦果，终于知道谁都是不可或缺的。

# 凤凰比不过我

有一种小鸟，叫寒号鸟。这种鸟与其他鸟不同，它长着四只脚，两只光秃秃的肉翅膀，不会像普通的鸟那样飞行。

夏天的时候，寒号鸟全身长满了羽毛，十分美丽。它因此骄傲得不得了，觉得自己是天底下最优美的鸟了，连凤凰也不能同自己相比。

它整天扇动着翅膀，到处走来走去，洋洋得意地唱着："凤凰不如我！凤凰没我美！"

夏天过去了，秋天到来，鸟们都各忙各的了，它们有的开始结伴飞到南边，准备到那里过冬；有的留下来，整天辛勤工作，积聚食物啦，修理窝巢啦，做好一切过冬的准备。

唯独寒号鸟，既没有飞到南方去的本领，又不愿辛勤劳动，依旧是整日东游西荡的，除了一个劲儿地到处显摆自己

身上漂亮的羽毛,什么也不做。

好心的鸟儿提醒它说:“快垒个窝吧!不然冬天来了你怎么办呢?”

寒号鸟不屑地说:“冬天还早呢,着什么急!趁着现在的大好时光,尽情地玩儿吧!”

冬天终于来了,天气寒冷极了,鸟们都回到自己温暖的窝巢里。这时的寒号鸟,身上漂亮的羽毛都掉光了。夜间,它躲在石缝里,冻得浑身发抖,不停地叫着:“好冷啊,太冷啦,等到天亮了就造个窝啊!”

第二天,等到天亮后,太阳出来了。寒号鸟又忘记了夜晚的寒冷,沐浴在阳光下,又快乐地唱起歌来:“得过且过!得过且过!太阳下面暖和!太阳下面暖和!”

鸟儿劝他:“快垒个窝吧,不然晚上又要冻得发抖了。”寒号鸟不屑地说:“不懂得享受的家伙!”

夜晚又来临了，寒号鸟又经历着昨天晚上一样的痛苦。

寒号鸟就这样混着日子，过一天是一天，一直没能给自己造个窝。几天之后，下雪了。等到第二天太阳出来的时候，鸟儿们奇怪寒号鸟怎么不发出叫声了呢。等大家去寻找它的时候才发现，寒号鸟早已被冻死在岩石缝里了。

### 思考提问

同学们，看了寒号鸟的故事，你学到了什么？

### 答　案

那些只顾眼前，得过且过，没有长远目标，不肯付出辛勤劳动创造生活的人，跟寒号鸟又有什么区别吗？

在人的一生中，“今天”特别重要，是你最有权力发挥的时刻。寄希望于“明天”的人，将会是一事无成的人。到了“明天”，“后天”也就成了“明天”。

今天的事情推到明天，明天的事情推到后天，是缺乏规划的表现。只有那些懂得如何利用“今天”的人，才会在“今天”创造“明天”的希望。

所以，我们要学会统筹好“今天”和“明天”的关系。

# 喜鹊择居

喜鹊的巢一般建在树上。有人曾经对树上的喜鹊巢进行过“解剖”，粗略统计一下，建巢所需筷子粗细的木棒大约1500根，有1~2千克重、厚约2厘米的泥土做成的“床”，以及1厘米厚、由棉絮和兽毛铺成的“席梦思床垫”。

在选择要建巢的大树时，喜鹊会不停地飞上飞下观察，考察建巢的地点是否合适，是否便于运输和搭建。

将第一根大梁放好是建巢最难的一步了，有时候，喜鹊要花去整整一天的时间才放好。之后的工作就按“设计”进行施工了，一对喜鹊夫妇往往要分工协作。其中一只去寻找干枯的树枝，找到后首先飞到树枝上，双脚站稳，用嘴衔住，双翅用力下压，随着“咔”的一声枯枝便被折断。紧接着喜鹊便牢牢地衔住枯枝，然后调整角度，寻找空间起飞。

当一只喜鹊飞向别处寻找枝条时，留在家里的另一只喜鹊就用小嘴将巢旁的树枝衔起来，按“图纸”进行装修。当一只喜鹊衔着细枝飞

到巢旁时，巢内的另一只喜鹊立刻接过来，再仔细地放置好，劳作之中，亲密有加。整个筑巢过程中，它们没有一丝懈怠，也不会轻易停下来小憩。

### 思考提问

同学们，从喜鹊建巢的事例中，你想到了什么呢?

### 答　案

喜鹊择居的统筹构思是值得人类学习借鉴的，北京奥运会场馆“鸟巢”就是人类向鸟类学习的实例。

喜鹊尚能如此，何况人呢？所以我们做事要像喜鹊建巢那样统筹规划。只要坚持不懈，就一定会取得成功！今天的努力，就是为了灿烂的明天。

# 伯启平叛

夏朝时候，一个叫有扈氏的诸侯率兵反叛，夏禹命令他的儿子伯启平叛，结果伯启败了。他的部下很不痛快，要求继续进攻，可是，伯启说："不必了，我的兵比他多，地也比他大，然而却战败了，这一定是我的德行不如他，带兵方法不如他的缘故。从今以后，我一定要努力改正过来才是。"

自此之后，伯启每天很早便起床工作，粗茶淡饭，照顾百姓，任才尊德。转眼一年过去了，有扈氏知道了，不但不敢再来侵犯，反而自动投降了。

**思考提问**

同学们，从伯启的身上，你有什么体会吗？

**答　案**

遇到失败或挫折，如果能像伯启这样，肯虚心地检讨自己，马上改正缺点，那么最终的成功，一定是属于你的。人生最大的成就在于坚持矫枉过正，使自己不断进步。

# 鹰的重生

鹰堪称世界上寿命最长的鸟类，可活到70岁。鸟能活这么长的寿命，令人惊叹！

鹰在其40岁时必须做出困难而重要的决定。老鹰活到40岁时，爪子开始老化，无法准确地抓住猎物。它的喙变得又长又弯，几乎戳到胸膛。它的翅膀变得十分沉重，因为羽毛已经又浓又厚，飞翔起来十分吃力。这时它面临两种选择：等死，或经历一个十分痛苦的重生过程。

这是一个将近150天的漫长过程。首先鹰必须很努力地飞到山顶，在悬崖上建巢，然后停留在那里。

鹰用它的喙敲击岩石，直到完全脱落，然后静静地等待新的喙长出来。它会用新长出的喙把趾甲一根一根的拔掉。等新的趾甲长出来后，它就把羽毛拔光。直到新的羽毛长出来了，鹰又能够自在地飞翔，得以再迎接未来30年岁月的挑战！

## 思考提问

同学们，从鹰的故事中，你想到了什么呢？

## 答　案

在我们的生命中，有时候我们必须做出艰难的选择，完成一个自我改革的过程。

为了重新“飞翔”，我们必须把旧的习惯、旧的传统抛开。只要我们愿意放下以前的包袱，愿意学习新的技能，我们就可以发挥我们的潜能，创造新的未来。在新旧统筹方面，敢于舍旧迎新需要很大的决心。丢掉我们不需要的东西，学习新的东西，需要细致规划。

# 罐子是满的吗

在一堂关于时间管理的课上，教授在桌子上放了一个罐子。随即又从桌子下面拿出一些恰巧可以从罐口放进罐子里的鹅卵石。

当教授把石块填满罐子之后，问他的学生："你们说这罐子是满的吗？"

"是。"所有的学生异口同声地回答。

"当真？"教授笑着说。随即又从桌底下拿出一袋碎石子，把碎石子从罐口倒下去，摇了一摇，再问学生："大家说，这罐子现在是不是满的？"

这一次所有同学都不敢回答得太快了。

最后班上有位学生怯生生地回答道："也许没满。"

"不错！"教授说完，又从桌下拿出一袋沙子，慢慢地倒进罐子里去。

倒完以后，再问班上的学生："现在你们再告诉我，这个罐子是满的还是没满的？"

“没有满。”全班同学这下学聪明了，大家很有信心地回答说。

“非常好！”教授再一次称赞学生们。

称赞完了，教授从抽屉里拿出一大瓶水，把水倒进看似已经被鹅卵石、小碎石、沙子填满的罐子之中。

当做完这些之后，教授又问他班上的学生：“我们从这件事情可以得到什么重要的启示呢？”

班上一片寂静，一位自以为聪明的学生回答说：“无论我们的工作多忙，行程排得多满，如果再挤一下的话，还是能够多做些事的。”

这位学生说完后心中很得意地想：“这门课到底讲的是时间管理啊！”

教授听到这样的回答后，点了点头，微笑道：“答案不错，很好，但这并不是我要告诉你们的关键信息。”

说到这里，这位教授故意顿住，用眼睛扫视了一遍全班同学，说：“我想告诉各位至关重要的信息是，如果你不先将大的‘鹅卵石’放进罐子里去，你以后也许不会再有机会把其他的东西放进去了。”

## 思考提问

同学们，从教授的这一课中，你会联想到什么呢？

## 答　案

工作中许多事情可以按重要性和紧急性的不同程度来确定处理的先后顺序，做到把鹅卵石、碎石子、沙子、水都可以放到罐子里去。

对于人生中出现的事件也应该采取这样的处理原则。这也就是我们平常所说的“处在哪一个年龄段要完成哪一个年龄段应完成的事。”否则，斗转星移，到了下一年龄段就很难有机会再去弥补上一年龄段的缺憾了。这就是人生中的统筹学啊！

# 最好吃的苹果

众所周知，一个人一生中最早受到的影响来自家庭，来自母亲对孩子的早期教育。

美国一位著名心理学家想要研究母亲对人一生的影响。于是在全美选出50位成功人士，他们都在各行各业中获得了卓越的成就；同时又选出50位有犯罪记录的人。心理学家分别给他们去信，请他们谈谈母亲对其自身的影响。有两封回信给他的印象最为深刻。

一封来自白宫一位著名人士，一封来自监狱一位正在服刑的犯人。他们谈到了一件相同的事：小时候母亲给他们分苹果。

那位来自监狱的犯人在信中这样写道：小时候，有一天妈妈拿来几个苹果，大小不一。我一眼就看见中间一个又红又大的，十分喜欢，非常想要。

这时，妈妈将苹果放在桌上，问我和弟弟想要哪个？我正要说想要最大最红的苹果，这时弟弟抢先说出我想说的话。妈妈听了，瞥了他一眼，责备他说："好孩子要懂得把好东西让给别人,不能总想着自己。”

因此,我灵机一动,改口说:“妈妈,我想要那个最小的,把大的留给弟弟吧。”

妈妈听了,特别高兴,在我的脸上亲了一下,并把那个又红又大的苹果奖励给了我。我得到了我想要的苹果,于是,我学会了说谎。

之后,我又学会了打架、偷、抢,为了得到想要得到的东西,我不择手段。直到如今,我被送进监狱。

那位来自白宫的知名人士是这样写的:小时候,有一天妈妈拿来一些苹果,大小不一。我和弟弟们都争着要大的,妈妈把那个最大、最红的苹果举在手中,对我们说:“这个苹果最大、最红、最好吃,谁都想要拥有它。很好,现在让我们来做个游戏,我把门前的草坪分成三块,我们三人一人一块,负责修剪好,谁干得又快又好,谁就有权得到它!”

我们三人比赛除草,最后,我赢了那个最大的苹果。

我特别感谢母亲,她让我明白一个最简单也最重要的道理:想要得到最好的,就必须努力争第一。她永远都是这样教育我们,也是这样做的。

在我们家中,你想要什么好东西要通过比赛来赢得,这非常公平,你想要什么,想要多少,就一定要为此付出多少努力和代价!

## 思考提问

同学们,从分苹果的故事中,你有什么启发和体会呢?

## 答　案

推动摇篮的手,就是推动世界的手。母亲作为孩子的第一任老师,能够教孩子说第一句谎言,也可以教孩子做一个永远努力争第一的人。人生的第一次统筹学,是母亲教给孩子的。

# 跟着向导前进

有人做过这样一个实验:组织三组人,让他们分别向十千米以外的三个村子行进。

第一组人连村庄的名字都不知道,也不知道路程有多远,只被告知跟着向导走就能到达。刚走了两三千米这就有人叫苦,走到一半时有人几乎愤怒了。他们抱怨为什么要走这么远,问什么时候才能走到,有人甚至坐在路边不愿走了。

第二组人知道村庄的名字和路段，可是路边没有里程碑，他们只能凭感觉估计时间和行程距离。走到一半的时候大部分人就想知道已经走了多远，比较有经验的人说："差不多走了一半的路程。"

因此大家又接着向前走，当走到全程的四分之三时，大家情绪低落，觉得精疲力尽，而路程似乎还很长。当有人说："就快到了！"大家又振作起来加快了脚步。

第三组的人不光知道村子的名字、路程，并且公路上每一千米就有一块里程碑。大家边走边看里程碑，路程每缩短一千米大家便有一小阵的快乐。行程中，他们用歌声和笑声来缓解疲劳，情绪一直很高涨，很快就到达了目的地。

## 思考提问

同学们，从三组人不同的态度和结果中，你有什么启发和体会呢？

## 答　案

当人们的行动有明确的目标，而且将自己的行动与目标不断加以对照，清楚地明白自己的进行速度和与目标的距离时，行动的动机就会得到维持和加强，人就会自觉地战胜一切困难，努力达到目标。这就说明，统筹规划后再做事情，做起来更有效率。

# 学到老，怎么一事无成

以前有个一心一意想升官发财的人，但是从年轻熬到白发，却还只是个小公务员。这个人觉得特别不快乐，每次想起来自己的境遇就委屈得掉泪，有一天竟然号啕大哭起来。

办公室有个新来的年轻人感到很奇怪，便问他到底因为什么难过。他说："我怎么能不难过呢？年轻的时候，我的上司喜欢文学，我便学着作诗写文章，想不到刚觉得有点儿成就了，却又换了一位爱好

科学的上司。我赶紧又改学数学、研究物理，不料上司嫌我才疏学浅，不够老成，还是不重用我。后来换了现在这位上司，我自认文武双全，人也老成了，谁知上司喜欢青年才俊，我……眼看慢慢变老，就要退休了，还一事无成，怎能不难过呢？”

**思考提问**

同学们，从上面的那个公务员身上，你得到什么启发和体会呢？

**答　案**

研究学问、学习技能，应当是为充实自己，千万不能为了达到别人的要求，或随时代潮流而盲目地跟进。否则目的不能达成事小，白白糟蹋了一生宝贵的光阴就不值得了。

对于一条盲目航行的船而言，所有方向的风都是逆风。学会统筹，才能让自己的人生航行一帆风顺。

# 不要忘记个人的角色

一个商人需要招聘一个小伙计，就在自家商店的窗户上贴了一张特别的广告："招聘一名能自我克制的男士。试用期一周40美元，转正者每周60美元。"

"自我克制"这个词语引起了人们的争论和深思，自然也引来了很多求职者。每个求职者都要经过一个特别的考试。卡特也来应聘，他不安地等待着。终于，该他出场了。

"可以阅读吗？"

"可以，先生。"

"你能念一念这一段吗？"老板把一张报纸放在卡特面前。

"能，先生。"

"你能一气呵成地朗读吗？"

"没问题，先生。"

"不错，跟我来。"

商人把卡特带到自己的办公室，然后把门关上。他把那张报纸递到卡特手上，上面印着卡特答应一口气读完的那段文字。

阅读刚开始，商人就放出6只可爱的小狗，小狗跑到卡特的脚边。许多应聘者都因经受不住诱惑而去逗弄那些可爱的小狗，视线离开了阅读材料，因此而被淘汰。不同的是，卡特始终没有忘记自己的角色，在排在他前面的70个人失败之后，他不受诱惑一字不顿地读完了材料。

商人很高兴,他问卡特:“你在读报的时候没有留意到你脚边的小狗吗?”

卡特答道:“是的,先生。”

“我想你应该知道它在旁边,对吗?”

“没错,先生。”

“可是,为什么你不看一看它们?”

“因为我答应过你我要不停顿地读完这一段。”

“你一直都遵守你的诺言吗?”

“我想是的，我总是努力遵守誓言，先生。”

商人兴奋地说道：“你就是我想要找的人。”

## 思考提问

同学们，卡特的面试过程，让你有什么启发和体会呢？

## 答　案

专注于你所要做的事情是成功的关键。作为学生，只有善于克制自己，把全部精力投入到学习中去，完成自己的职责，才有成功的希望。成功来自于你对自己真正热爱和擅长的学习任务的专注——并不是来自应对偶发事情的挑战。

# 第三章　手脚画圈圈

# 还是值20美元

在一次讨论会上，一位知名的演说家没讲一句开场白，手里却高举着一张20美元的钞票。

面对会议室里的200个人，他问："哪位想要这张钞票？"很多只手举了起来。

他接着说："我决定把这20美元送给你们中的一位，但在这之前，请准许我做一件事。"

他说着将钞票揉成一团，然后又问道："还有人要吗？"仍有人举起手来。

他又说："那么，如果我这样做又会怎么样呢？"他把钞票扔到地上，又踏上一只脚，用脚碾它。然后他拾起钞票，钞票已变得肮脏不堪。

"现在你们还要吗？"还是有人举起手来。

"朋友们，我刚刚给你们上了一堂非常有意义的课。无论我怎样对待那张钞票，你们还是想要它，原因是它并没贬值，它仍然值20美元。人生路上，我们会无数次被碰到的困难打倒，甚至被碾得粉身碎骨，有时会让我们觉得自己一文不值。但不管发生什么，或是将要发生什么，在上帝的眼中，你们永远不会丧失价值，你们始终是无价之宝。"

**思考提问**

同学们，听了演说家的话，你有哪些体会和启示呢？

**答　案**

生命的价值不体现在我们的衣着打扮上，也不仰仗我们结交的人物，而是在于我们本身！生命的意义是独特的，不要让昨日的沮丧令明天的梦想变色！

# 我有计策

一天，刘邦在洛阳附近看见一些将军聚在一起发牢骚，只见将军们的脸上带有埋怨的神色，看样子对自己意见还不小呢！

刘邦找来了张良，问他出了回事，张良实话实说："将军正在议论造反的事！"

这句话让刘邦大吃一惊，他刚做了汉朝的皇帝，天下初定，现在居然有人出来造反，这一下让他很着急。他赶忙向张良询问底细。

张良分析说："陛下斩蛇起义，全靠这些将士们舍生忘死夺取了天下。现在，将军们最关心的就是授予官位和分封土地。但是，陛下分封的都是自己最亲近的人，处分的都是和陛下有过节的人。现在，将军们一边盼着陛下尽快对他们进行土地分封，一边又担心土地有限自己得不到封赏，还有一些人担心平时得罪过陛下，会遭到陛下的处罚。所以他们聚集在一起密谋造反。"

"事到如今,该如何收场呢?"刘邦忙问。

张良镇定自若地说:"我有一计,可以应对这个局面。陛下请告诉我,平时您最讨厌的人是谁?"

既然如此,刘邦只得如实相告:"我最恨的人是雍齿。此人作战勇猛,立过许多战功,在将士们中也有威望。可是他凭借着自己的功劳,说话不顾君臣之礼,几次让我在大臣面前难堪。我真想把他的头给砍了,以解我心头这口恶气。但想到现在正是用人之际,也就忍了。"

张良拍手笑道:"好办了,陛下马上封雍齿为侯,那些有战功而担心陛下为难他们的人,看到陛下分封了自己最恨的人,就会消除眼前的顾虑,再也不会造反了?"

刘邦接受了张良的计策,摆下酒宴,当着大臣和将军们的面,封雍齿为什方侯,又让丞相、御史加快定功封赏的进度。

在此之前还准备滋事的将军们吃过酒宴,兴高采烈地说:"现在好了,什么都不用发愁了,我们就等着陛下的分封奖赏吧!"

张良的这一计策,化解了这场将要发生的叛乱。

## 思考提问

同学们,读了张良的故事,你有什么启示呢?

## 答　案

桀骜不训将军们很担心刘邦为王会杀掉他们,想造反。张良为了化解这场内乱,运用统筹为陛下献策,分封自己最恨的人,以消除将军们的顾虑,打消他们造反的念头,进而稳固江山。统筹奖惩,赏罚分明,下属自然会服从安排。

# 到底谁最好

魏文王问名医扁鹊说："你们家有三个兄弟，都精于医术，到底哪一位最好呢？"

扁鹊答："大哥最好，二哥其次，我最差。"

文王又说："那么为何你最出名呢？"

扁鹊答："我的大哥治病，是治于病情发作之前。由于普通人不知道他事先能铲除病因，因此他的名气无法传出去；二哥治病，是治于病情初起时。一般人以为他只可以治轻微的小病，所以他的名气只及本乡里。而我治病，是治于病情严重之时，所有人都看到我在经脉上穿针管放血、在皮肤上敷药疗伤，所以觉得我的医术高明，因此名声大振。"

**思考提问**

同学们，从扁鹊对文王的回答，你明白了什么道理了吗？

**答　案**

擅用统筹可将不好的事消灭于萌芽之中。

# 出兵要慎重

早在1409年6月，明成祖朱棣下令封丘福为征虏大将军，率精骑十万，讨伐叛徒鞑靼主本雅失里。

出征之前，明成祖朱棣考虑到丘福平素爱轻敌，专门告诫说：出兵要谨慎，到达鞑靼地区即使有时看不到敌人，也要做好随时临敌的准备。

他还进一步指出："不要丧失战机，不要随意出兵，不要被敌人的假象所欺骗。"等到丘福率师北进后，朱棣又连下诏令，反复叫丘福要

小心作战,不能轻信那些有关敌军容易打败的言论。

8月,丘福的军队来到了鞑靼地区。他亲自率领一千多骑兵先行,当行进到胪朐河一带时,与鞑靼军的斥侯们撞上。丘福挥师迎战,打败了他们,接着乘胜追击,又俘虏了一名鞑靼小官。

丘福问他关于鞑靼主本雅失里的去向,因为这个人是鞑靼人派出侦察明军情况的,他便随口骗丘福说:"本雅失里闻大军南来,便惶恐北逃,离这里不过三十里地。"丘福听了便信以为真,就决定率先头部队去进攻。各位将领都不同意丘福的这一决定,希望等部队到齐了,把敌情侦察清楚再出兵。

可是,丘福却坚持己见,一意孤行。他率部直袭敌营,连战两日,鞑靼军每战总是佯装败走,这就更加助长了他的轻敌思想。

丘福一心想要活捉本雅失里,于是孤军猛追。此时,他的部将纷纷劝丘福不可草率进攻,并提出或战或守的具体措施。但是,丘福根本听不进去,一意孤行,并下令说:"不从命者杀无赦!"随即率军前行,诸将不得不跟着前进。

待丘福率队孤军深入后,鞑靼大军突然杀过来,将丘福所率领的先头部队重重包围了。丘福等军士拼命抵抗,但也都是徒劳,他本人最后在突围时战死。丘福死后,明朝后续部队不战而还。

**思考提问**

同学们,读了丘福的故事,你有什么启发和体会呢?

**答　案**

丘福草率进军,不能很好地对形势进行统筹,不能听进别人的意见,坚持己见,最终的结局只有兵败。

# 付出与回报

有一个人在沙漠行走，中途遇到了风沙暴。一阵狂沙过后，他已分不清方向。就在快支撑不住的时候，突然，他发现了一幢废弃的小屋。

他拖着疲惫的身体走进了屋内。这是一间不通风的破房子，里面堆了一些枯朽的木材。他近乎绝望地走到屋角，却意外地发现了一架抽水机。

他兴奋地上前汲水，但是无论他怎么努力，也抽不出半滴水来。他颓然倒地，却看见抽水机旁，有一个用软木塞塞住瓶口的小瓶子，瓶上附有一张泛黄的纸条，纸条上写着：你必须用水灌入抽水机才能引水！千万记住，在你离开前，请再将水装满！

他拔开瓶塞，发现瓶子里确实装满了水！

他的内心激烈地挣扎开了——如果自私点儿，只要将瓶子里的喝掉，他就不会渴死，就可以活着走出这间屋子！

假如照纸条上说的去做，把瓶子里的水倒入抽水机内，万一水有去无回，他就会渴死在这地方了。到底冒不冒这个险呢？

最后，他决定把瓶子里的水，全部灌入看起来破旧不堪的抽水机里。当他满心紧张地以颤抖的手汲水后，果真有大量的水冒了出来！

他喝够水以后，仍把瓶子装满水，用软木塞封好，然后在原来那张纸条后面，又加了他自己的话：相信我，不会有错。在获取之前，要先学会付出。

## 思考提问

同学们，你有没有过这样的疑问："付出就会有回报吗？"

## 答　案

"付出就会有回报"是我们大家所希望的，同时也是大多数人的期望。

但在现实生活中，常常不是事事都如人愿，付出并不总是能立竿见影地得到回报。

"舍得"不仅是一种生活的哲学，更是一种处世与做人的艺术。

舍与得是相辅相成的，存于天地，存于人生，存于心间，存于细微之处，囊括了万物运行的全部道理。所有事物均在舍得之间，达到和谐，达到统一。要得便须舍，有舍才有得。

# 一颗“心愿石”

有个年轻人，想发财几乎到了发疯的地步。每当听到哪里有财路，他便不辞劳苦地去寻找。

有一天，他听说附近深山中有位头发花白的老人，若有缘与他见面，则有求必应，肯定不会空着手回来。

于是，那年轻人便立刻收拾行囊，赶上山去。他在那儿苦苦等待了五天，终于见到了那位传说中的老人。于是他向老者请求，赐给他珠宝。

老人便告诉他说:“每天清晨,太阳还没升起的时候,你到村外的沙滩上寻找一颗‘心愿石’。其他石头是冷的,而那颗‘心愿石’却与众不同,把它握在手里,你会感到很温暖。如果你找到那颗‘心愿石’,你所祈愿的东西就都可以实现了!”

年轻人很感激老人,便赶快回村去了。

每天清晨,那年轻人便在海滩上拾捡老者所说的石头,一发觉不温暖的,他便丢下海去。日复一日,月复一月,那年轻人在沙滩上寻找了大半年,始终也没找到温暖而发光的“心愿石”。

有一天,他和往常一样,在沙滩开始捡石头。一颗、两颗、三颗……

突然“哇……”一声,年轻人哭了起来,因为他刚习惯性地将一颗石头随手丢到了海里,突然意识到它是“温暖”的!

## 思考提问

同学们,看了这个故事,你会不会很为年轻人感到可惜呢?

## 答　案

不光这个年轻人有这样的经历,很多人都会有类似的经历,当机会降临在眼前时,都很随意地、习惯性地让它从手边溜走了,等到发觉时,已经后悔莫及了。“哭”和“早知道”都是没用的。所以,我们要学会统筹规划,面对每一次机会都要认认真真地把握好。

# 龟兔大战

从前，有一只乌龟和一只兔子在喋喋不休地争论着谁跑得快……

第一回合的结果众所周知，乌龟赢了。

兔子当然因输了比赛而伤心不已，为此它对失败原因做了透彻的分析。它很清楚，失败是因它太过自信、大意以及散漫。假若它没有那么自以为是的话，乌龟是没有机会打败它的。

因此，它向乌龟发起第二场竞赛，乌龟同意了。这一次，兔子全力以赴，从头到尾一口气跑完，超过乌龟好几千米。

故事到这里还没有完。这一轮轮到乌龟好好检讨了，它很清楚，照

目前的比赛方法，它不可能战胜兔子。

它想了一会儿，然后向兔子发起第三场竞赛，但是要求另换一条路线，兔子同意了。

兔子飞驰而出，极速奔跑，直到碰到一条宽宽的小河——比赛的终点就在河对面。兔子呆坐在那里，一时不知该怎么办了。

过了很久，乌龟不慌不忙地爬过来了，从容地爬进河里，游到对岸，继续爬行，最终赢得了比赛。

故事到这里还没有结束。这下子，兔子和乌龟成了惺惺相惜的好朋友。它们一起检讨，两个都明白了，在上一次的比赛中，它们可以表现得更好。于是，它们决定再赛一场，但这次是团结合作。

它们一起出发，这次可是兔子扛着乌龟，直到河边。到了那里，乌龟转而背着兔子过河。到了河对岸，兔子再次扛着乌龟，两个一起到达了终点。现在，它们感受到了前所未有的成就感。

**思考提问**

同学们，读了这个故事你有什么启示吗？

**答　案**

根据自己的优势和专长来努力、结合所有的资源与团队合作的人，总是能够打败单打独斗者。

这就是统筹学在团队合作中的活学活用。

# 我要做天鹅

战国时一个叫田镜的人是鲁哀公的近侍，做了很多工作，却得不到重用。

一天，田镜向鲁哀公提出辞职，表示："我将不再做家鸡，而要做天鹅，翱翔于太空之间。"

哀公问他原因，田镜说："您天天看到大公鸡，它头顶红冠，拥有文

采;面对强敌,奋起抵抗,有勇有谋;见食物,则唤伴分享,拥有爱心;守夜报时,从不懈怠,极具诚信。可谓美德显也!但您杀之而食,何以如此?因它近在咫尺,食之如探囊取物。而天鹅展翅高飞于千里,您偶遇则爱之有加,并予以美食,宠爱有加,只因它来自远方,别无它也!"说完挥袖而去。

后来,田镜到燕国任宰相,三年后迎来太平盛世。哀公闻之,颇为感慨。

## 思考提问

同学们,读了这个故事你有什么启示吗?

## 答　案

人们常说"远来的和尚会念经",除了外来人没有本地人的束缚与主观之外,还有一个原因,就是我们总是漠视身边已有的人才,而对不了解的人反而恭而敬之、言听计从。

倘若哀公深晓已经拥有的人才田镜的价值,继而珍惜爱护,这才是聪明人;哀公失去田镜,方知其存在价值,空有扼腕痛惜,我们只能说哀王不懂人才的统筹,不过是个平庸者罢了。

# 驴子挨打

一户人家养了一条狗和一头驴。每当主人回来时，小狗总是很热情地迎上去，摇着尾巴往主人怀里扑，主人也总是高兴地抚摸小狗。

驴子心里很是不满，心想："狗不干活却讨主人疼惜，我整天拉磨却得不到任何奖赏。看来，得想办法和主人联络感情才行。"

决心已定的驴子在主人回家时，抢先小狗一步迎上前去，一边叫一边将蹄子搭在主人肩上。主人大惊，忙推开驴子并拿起鞭子狠狠地抽了驴子一顿。

## 思考提问

同学们，你们赞同驴子的举动吗？

## 答　案

天生万物，各有各的职责，正如猫的本职是捕鼠，狗的本职是看门。

既然是通过不同的方式体现自己的人生价值，就不要总去计较别人在干什么，还是将自己分内的事干好吧！

# 兔子是怎样吃掉狼和狐狸的

有一天,兔子在一个山洞前写着东西。

一只狼走过来问:“兔子你在写什么呢?”

兔子答道:“我在写论文。”

狼又问:“什么题目?”

兔子答:“我在写兔子是如何把狼吃掉的。”

狼听后哈哈大笑,表示不相信。

兔子说:“你跟我来。”然后把狼带进山洞里,然后兔子又回到山洞前继续写着。

此时又来了一只狐狸问:“兔子,你在写什么呀?”

兔子答:“我在写论文呢。”

狐狸问:“是什么题目呀?”

兔子答:“兔子是怎样吃掉狐狸的。”

狐狸听完后哈哈大笑起来,表示不可思议。

兔子说:“你跟我来。”之后把狐狸也带进了山洞。过了一会儿,兔子又独自走出了山洞,继续写它的论文。

此刻,一只狮子坐在山洞里的一堆白骨上剔着牙。

## 思考提问

同学们,读了上面的故事,你有什么体会呢?

## 答　案

难道兔子真的能够吃掉狼吗?真的能够吃掉狐狸吗?兔子只是抓住了狼和狐狸的好奇心。狼和狐狸也正是因为这种好奇心,最后葬送在山洞中的狮子口中。兔子也是利用这种方式来达到自己不被狮子吃掉的目的。

# 兔子是怎样吃掉狼和野猪的

随着时间的推移,狮子越长越大,兔子为它带来的食物已远远不够它填饱肚子了。

一天,狮子告诉兔子:“我的食物量要加倍,比如说,原来四天一只小鹿,现在要两天一只。如果一周之内局面没有改观,我就把你吃掉。”

兔子离开洞口,跑进森林深处。它见到一只狼,便挑衅地问道:“你相信兔子能轻松地把狼吃掉吗?”

狼哈哈大笑，表示不信，于是兔子把狼领进了山洞。

过了一会儿，兔子独自走出山洞，继续进入森林深处。这回它碰到一头野猪，它又问野猪："你相信兔子能轻松把野猪吃掉吗？"

野猪不信，于是同样的事情再次发生。

原来，森林深处的动物并没有听说过兔子和狮子的故事。

时间飞逝，兔子在森林里的名气越来越大。

**思考提问**

同学们，读了上面的故事，你有什么体会呢？

**答　案**

兔子知道坐等在洞口已经不可能再有足够数量的食物来填充狮子的胃口了。它对形势加以权量后，改变了策略，进入森林深处去吸引动物。

# 银鸟

有一天，樵夫和平常一样上山砍柴，在路上捡到一只受伤的银鸟，银鸟的全身覆盖着闪闪发光的银色羽毛。樵夫欣喜地说："啊！我这辈子还从未见过如此美丽的鸟！"于是，他把银鸟带回家，认真地为银鸟疗伤。

在疗伤的日子里，银鸟每天为樵夫唱歌，樵夫过着快乐的日子。

有一天，猎人看到樵夫的银鸟，告诉樵夫他见过金鸟，金鸟比银鸟

漂亮上千倍，而且，歌也唱得比银鸟好听上千倍。

樵夫想，原来还有金鸟啊！

从此樵夫每天只想着金鸟，不再仔细聆听银鸟清脆美妙的歌声，日子过得越来越烦闷。

有一天，樵夫坐在门外望着金黄的夕阳，想象着金鸟到底有多美。此时，银鸟的伤已恢复，准备离去。银鸟飞到樵夫的身旁，最后一次为樵夫唱歌，樵夫听完，很感慨地说："你的歌声虽然好听，但是比不上金鸟的动人；你的羽毛虽然漂亮，但是比不上金鸟的美丽。"

银鸟把歌唱完，在樵夫身旁绕了三圈以示告别，向金黄的夕阳飞去。

樵夫望着银鸟，惊奇地发现，银鸟在夕阳的照射下，竟然变成美丽的金鸟了。原来，梦寐以求的金鸟，一直就在自己身边。可是，金鸟已经飞走了，飞得远远的，再也不会回来了。

## 思考提问

同学们，读了上面的故事，你有什么体会呢？

## 答　案

樵夫平时缺少对银鸟的珍惜，忽略了银鸟的美丽，更没有料到其实身边的银鸟就是金鸟，等银鸟飞走后才追悔莫及。

樵夫从没见过金鸟，却盲目地去追求，因而忽略了银鸟的存在，导致了最后的怅然。

每个人都有自己的长处和短处，问题的关键是我们要学会发现自身的优点并学会珍惜！要懂得适度地满足。

# 建筑师的倔强

一个人的历史永远是用自己行走的脚书写的，不同的人留下的脚步也大相径庭，有些人的脚步叫无知，而有些人的脚步叫高贵。

三百多年前，建筑师克里斯托·莱伊恩奉命设计了英国温泽市的政府大厅。他利用工程力学的知识，依据自己多年的实践经验，巧妙地设计了只用一根柱子来支撑大厅天花板的结构样式。

但当市政府权威人士进行工程验收时，却说只用一根柱子来支撑天花板太危险，要求莱伊恩再多加几根柱子。

莱伊恩有信心只用一根坚固的柱子就足以保障大厅的安全，于是据理力争，并列举了相关的数据和实例。他的“固执”惹怒了市政官员，险些把他送上法庭。

莱伊恩非常烦恼，坚持自己原先的主张吧，市政官员肯定会另找人修改设计；不坚持吧，又有悖自己的为人准则。

矛盾了很长一段时间后，莱伊恩终于想出了一个万全之策，他在大厅里增加了四根柱子，不过这些柱子并未与天花板接触，只不过作为装饰用以迷惑那些愚昧无知而又刚愎自用的市政官员而已。

三百多年过去了，市政官员换了一任又一任，但这个秘密始终没有被人发现。直到近几年，市政府准备修缮大厅的天花板，才发现莱伊恩当年的“弄虚作假”。

消息传出后，世界各地的建筑专家和游客云集于此，他们把这个市政大厅称做是“嘲笑无知的建筑”。当地政府对此也不加掩饰，在新世纪来临之际，特意将大厅作为一个旅游景点对外开放，旨在引导人们崇尚和相信科学。

**思考提问**

同学们，读了上面的故事，你有什么体会呢?

**答　案**

作为一名建筑师，莱伊恩并不是最出色的；但作为一个坚持真理的人，毋庸置疑他是非常伟大的。这种伟大表现在他始终坚持着自己的信念，给心灵深处的高贵一个美丽的住所，哪怕是遭遇再大的阻力，他也想办法坚持，直至抵达胜利的顶峰。

# 你将来会是纽约州长

罗杰·罗尔斯出生在纽约一个名为大沙头的贫民窟里，在那里出生的孩子长大后很少有人能够获得体面的工作。罗尔斯小时候，正值美国流行嬉皮士的风潮，他跟当地其他孩子一样，调皮、逃课、打架、斗殴，非常令人头疼。

幸运的是，罗尔斯当时所在的诺必塔小学来了位名叫皮尔·保罗的校长。有一次，当调皮的罗尔斯从窗台上跳下，伸着小手走向讲台

时，他听到校长对他说："我一看你的手就知道，你将来会成为纽约州的州长。"

校长的话给他带来了特别大的震撼。

从此，罗尔斯记下了这句话，"纽约州州长"就像一面旗帜，带给他信念，指引他成长。他的衣服上不再满是泥土污渍，说话时不再夹杂污言秽语，走路开始挺直腰杆，很快当上了班里的主席。

四十多年间，他没有一天不按州长的身份来严格要求自己，终于在51岁那年，他真的当上了纽约州州长，成为纽约历史上第一位黑人州长。

**思考提问**

同学们，读了上面的故事，你有什么体会呢？

**答　案**

你期望什么，你就会得到什么，你得到的不是你想要的，而是你期待的。

只要充满自信地期待，只要真的相信事情会顺利地进行，那么事情一定会如你所愿；反过来说，如果你相信事情会受到阻力，那么这些阻力就会产生。成功的人都会培养出充满自信的态度，相信好的事情会发生。

换句话说，这也是心理建设上的"统筹"，每个人只要热切地期望并努力去完成目标，就能得到最好的效果。

# 海上强者短喙鸟

在澳大利亚的一个孤岛上生活着一群鸟，它们因为有着尖而长的喙而被称为长喙鸟，靠啄食一种叫蒺藜的果子为生。正如人有美丑高矮之分一样，长喙鸟也有长喙和短喙之分。

短喙的鸟一孵出来就会受到歧视，就连它们的母亲也会在它们满两个月后就抛弃它们。由于蒺藜果子浑身长满坚硬的刺，只有长喙鸟才能啄得开，甚至连那些喙稍短的长喙鸟也啄不开，于是，每年都有很多喙短的鸟因为饥饿而死。

而喙长的鸟一出生就拥有骄傲的资本，它们眼看着短喙的鸟被母亲抛弃、饿死，自己却得意洋洋地吃着蒺藜果，自由自在地在岛上飞翔。

当一只短喙鸟吃完母亲啄开的最后一颗蒺藜果之后，它明白自己面临着生死攸关的严峻考验了。它不甘心地走近一颗蒺藜果，明知自己无法啄开那坚硬的果壳，而且还会被长刺扎得鲜血淋漓，但它还是做着不懈的努力。

由于蒺藜刺实在太长，短喙鸟根本无法接近，它们只好伤心地飞离蒺藜林，去寻找新的生存机会。当饿得头晕目眩的时候，它们开始啄食浅海里游动的小鱼，虽然恶心得想呕吐，但是为了生存，最后还是把鱼硬咽了下去。

慢慢的，它们发现小鱼的味道其实比那种蒺藜果味道还好。

一时间，短喙鸟纷纷效仿，于是短喙鸟就这样生存了下来。短喙鸟的儿女们的喙更短，为了生存，它们每天都去海里捕食。浅海里的鱼吃完了，它们就去深海捕食。后来，它们不仅吃鱼，只要是能捕捉到的动物都成了它们的食物。

在捕猎食物的过程中，它们练就了一个短而有力的喙，一双大而强健的翅膀和一对尖利的爪子。数年后，短喙鸟成为了海上的强者，它们的名字叫鹰；长喙鸟却随着蒺藜果的灭绝而永远消失了。

## 思考提问

同学们，读了上面的故事，你有什么体会呢？

## 答　案

短喙鸟的统筹给了我们很好的启示。

一、我们应不轻易放弃任何一种可能性。

二、在关键时刻要适时抉择。

三、要勇于拓展对自己有利的发展空间。

四、要不断磨炼意志，不因挫折而退缩。

只有合理地统筹规划，我们才能成为生活和学习上的最大赢家。

# 狼为什么迎着枪口而上

一位在非洲狩猎的富翁，经过三个昼夜的周旋，让一匹狼成了他的猎物。在向导准备剥下狼皮的时候，富翁制止了他，问："你认为这匹狼还能活吗？"

向导点点头。富翁随即打开随身携带的通讯设备，让停在营地的直升机立即起飞，他想救活这匹狼。直升机载着这只受了重伤的狼飞走了，飞向五百千米外的一家医院。

富翁坐在草地上陷入了深深的思索。这已不是他第一次来这里狩

猎了,可是从来没像这次这样给他如此大的触动。过去,他曾捕获无数猎物——斑马、小牛、羚羊、鬣狗甚至狮子,那些猎物大多在营地成了美餐,然而这匹狼却让他产生了“让它继续活着”的想法。

周旋时,这匹狼被他追到一个近似于“丁”字的岔道上,正前方是迎面包抄过来的向导,也端着一把枪,他俩把狼夹在中间。这时候,狼本来可以选择岔道逃生,可是它没有那么做。

当时富翁很不理解:“为什么狼不从岔道逃走,而是迎着向导的枪口扑过去?难道那条岔道比向导的枪口更危险吗?”狼在夺路时被猎获,它的臀部中了弹。

面对富翁的迷惑,向导说:“埃托沙的狼是一种非常聪明的动物,它们知道只要夺路成功,就可能有活着的希望;而选择没有猎枪的岔道,必定是死路一条。因为那条看起来平坦的路上必有陷阱,这是它们在长期与猎人周旋中悟出的道理。”富翁听了向导的话,万分震惊。

据说,那匹狼最后被救治成功,如今在纳米比亚埃托禁猎公园里生活,所有的生活费用都由那位富翁提供。

## 思考提问

同学们,你们知道狼为什么这样做吗?

## 答　案

在竞争激烈的社会里,陷阱通常会被伪装成诱饵,真正的机会却通常需要放手一搏。面对人生道路上的“岔道”,一定要权衡思量,避免走错路。

# 我是灯塔

弗兰克·科克讲述了他自己的一次亲身经历：

两艘被派往集训分舰队的战舰数天来一直顶着恶劣的天气在海上航行。我在领头的一艘军舰上服役，夜幕降临的时候，我正在舰桥上值班。

这时天空中浓雾密布，能见度很低，所以舰长仍留在舰桥上密切

地关注着所有的活动。

天黑后不久，舰桥一翼的监视哨报告说："有不明目标出现在船首右舷方位。""是活动的，还是固定不动的？"舰长喊道。

监视哨回答："是不动的，舰长。"

这预示着我们与那条船处在危险的相撞航线上。

于是，舰长对信号兵喊道："给那条船发信号，告诉他们现在处在相撞的航线上，请将航向转20度！"

信号回来了："还是你转20度比较好。"

舰长说："再发信号。我是舰长，请转20度。"

"我是一名二级水手，"对方回答说，"我觉得还是你转20度最好。"

此时，舰长暴跳如雷，他气愤不已地喊道："发信号！我是军舰，将航线转20度。"

信号再一次传了回来："我是灯塔。"

**思考提问**

同学们，大家能猜出结局吗？

**答　案**

结局是毋庸置疑的，只能是舰艇改变方向了。

在日常生活中，我们有多少人曾经企图尝试让"灯塔"改变航向啊！

社会有法律和公德存在，学校有管理制度和学生守则存在。个人若是一意孤行，不遵守这些规章制度，最终自己将会成为受害者。所以当你改变不了环境的时候，你可以选择改变自己，换一种心情，换一种方式，或许你会有意想不到的收获。

# 缺了一枚铁钉，毁了一个王朝

在英国流传着这样一首民谣：

缺了一枚铁钉，掉了一只马掌；
掉了一只马掌，失去一匹战马；
失去一匹战马，损了一位骑兵；
损了一位骑兵，丢了一次战斗；
丢了一次战斗，输掉一场战役；
输掉一场战役，毁了一个王朝。

这首民谣取材于社会生活，它反映的是一个真实事件，生动简洁却十分完整地叙述了那场战争。

那是在1485年，当时的英国国王到波斯沃斯讨伐争夺自己王位的里奇蒙德伯爵。决战就快要开始了，战斗双方剑拔弩张，都知道成败在此一举，结果会是有一个人戴上大英帝国的王冠，而另一方则只能沦为阶下囚。

决战开始的前一天，国王下令全军将士都要严整军容，而且要把所有的战斗装备调整到最好的状态，比如：保证足够数量的盾牌和长矛，令自己的钢刀更加锋利，并且使自己的战马更加勇往无前等。

一位名为杰克的毛头小伙子在这场战役中担任国王的御用马夫。他牵着国王最钟爱的战马来到了铁匠铺里，让铁匠为这匹屡建奇功的战马钉上马掌。

钉马掌只是个小活儿，但因最近战事频繁，铁匠铺的生意都好得不得了，因此铁匠对这个年轻的马夫有些怠慢。

身为国王的马夫，杰克当然无法忍受对方的这种轻视态度，于是他端着架子对铁匠说："你知道这匹马的主人是谁吗？你知道这匹战马会有可能立下怎样的战功吗？告诉你，这可是国王的战马，明天国王就要骑着它去打败里奇蒙德伯爵。"

铁匠一听再也不敢怠慢眼前的这个小马夫了，他把马牵到棚子里

开始为马钉马掌。

钉马掌的工作其实很简单,这个技术娴熟的铁匠数不清自己已经为多少战马钉过马掌了。但是今天,就在他给国王的御用战马钉马掌的这一刻,他却感到了为难,原来他手中的铁片不够用了。

于是他告诉马夫需要等一会儿,自己要到仓库中寻找一些能拿来钉马掌的铁片。可是马夫杰克却非常不耐烦,他说:"我可没有那么多时间等你,里奇蒙德伯爵率领的军队正在一步一步地向我们逼进,耽误了战斗,这责任无论是你还是我都无法承担。"

看到铁匠愁眉苦脸的样子,他又说:"你可以随便找一些其他的东西来替代这种铁皮吗?难道在你偌大个铁匠铺里就找不到一些这样的东西吗?"

杰克的话提醒了铁匠,他找出一根铁条,把铁条横截之后,正好可以当成铁片用。

铁匠把这些铁片全都钉在了战马的脚掌上,然而当他钉完第三个马掌的时候,他又发现了新的问题——这一次是钉马掌用的钉子用完了。这不能怪铁匠储备的东西不够丰富,确实是战争中需要用的铁制工具太多了。

铁匠只好再次请求马夫多等一会儿,等自己砸好铁钉就把马掌钉好。马夫杰克实在是等不及了,告诉铁匠再凑合凑合得了,铁匠告诉他这样的马掌恐怕不牢固,但马夫坚持不愿意再等了。

就这样,这匹战马带着一个缺了枚钉的马掌离开了铁匠铺,载着国王冲到了战斗的最前线。

最后的结果,正如那首民谣唱的,国王在骑着战马冲锋的时候,没有钉牢的马掌突然掉落,战马随即翻倒,国王滚下马鞍,被伯爵的士兵生擒,这场战役就以国王的彻底失败而告终。

千里之堤,溃于蚁穴。一个庞大的王朝,却可以被一个铁钉毁掉。过去听到类似的劝诫时,我们总是认为耸人听闻,只有我们亲身经历到这样的事情时,才意识到多么可怕。

**思考提问**

同学们,读了上面这个故事,你有什么启示呢?

**答　案**

我们不仅要胸怀远大目标,还要注意细枝末节。要想根基扎实,就不得不重视每一捧泥土、每一颗石子。

在任何时候都不能无视小纰漏的存在,千万不要因为事小而不介意!“小洞不补,大洞难堵。”“千里之堤,毁于蚁穴。”这些古代谚语应该让我们引以为戒。

# 狮子分肉给狼吃

狮子作为百兽之王，下令让一只豹子管理十只狼，并给它们分发食物。

豹子领到肉之后，把肉平均分成了十一份，自己留下其中一份，其他的分给了十只狼。这十只狼都感觉自己分的不够多，合起伙来跟豹子唱对台戏。尽管一只狼打不过豹子，但十只狼，豹子就无法应对了。

豹子灰溜溜地找狮子辞职。狮子说："你看我是怎么做的。"狮子把肉分成了十份，不一样的大小，自己先挑了最大的一份，然后傲然对其他狼说："你们自己讨论这些肉该怎么分。"

为了争夺到大块的肉，狼群沸腾了，恶狠狠地互相残杀，结果有的狼连一丁点儿肉也没有分到。

第二天，狮子依然把肉分成十一块，但是自己挑走了两块，然后傲慢地对其他狼说："你们自己讨论这些肉怎么分。"十只狼瞅了瞅九块肉，飞快地抢夺起

来，一口肉，一口自己的同伴，战到最后，最弱小的狼都躺倒在地奄奄一息了。

第三天，狮子把肉分成两块，自己先挑走了一块，然后又傲慢地对狼说："你们自己看看这些肉怎么分吧。"群狼撕咬起来，最后一只最强壮的狼打败所有狼，神采飞扬地开始享用它的战利品。

这只狼吃饱以后才允许其他狼再来吃，其他的狼都成了它的随从，恭敬地听从它的安排，按照顺序来享用它的残羹。

自此之后，狮子只需管理一只狼，只需分配给它食物，其他的再不操心。

直到最后一天，狮子把肉全占了，然后让狼去自己找吃的。由于狼群已经无力再战，所以只好逆来顺受。

## 思考提问

同学们，你觉得狮子是如何做到管理狼群的呢?

## 答　案

狮子了解狼贪婪的野性。

第一天它将肉分成大小不一的十块，狼群有狼十只，都为自己能争夺到大点儿的肉恶狠狠地相互厮杀。

第二天它将肉分给狼九块，十匹狼分九块肉，只能淘汰一个，所以狼群内讧了。

第三天将肉分给狼一块，只有能打败所有竞争对手的最凶悍的狼，才能吃到那快肉。

最后一天狮子将肉全吃了，狼无力再战。因为狼习惯了听从管理，可见狮子的统筹技术之高。